BIG DATA, AI
and PEOPLE >>> >>

天册合规研究丛书 01

大数据战争

人工智能时代不能不说的事

何渊——等著

北京大学出版社
PEKING UNIVERSITY PRESS

图书在版编目(CIP)数据

大数据战争:人工智能时代不能不说的事/何渊等著.—北京:北京大学出版社,2019.6

ISBN 978-7-301-30367-2

Ⅰ.①大… Ⅱ.①何… Ⅲ.①数据处理 ②人工智能 Ⅳ.①TP274 ②TP18

中国版本图书馆 CIP 数据核字(2019)第 033434 号

书　　名 大数据战争：人工智能时代不能不说的事
DASHUJU ZHANZHENG: RENGONG ZHINENG SHIDAI BUNENGBUSHUO DE SHI

著作责任者 何　渊　等著

责任编辑 朱梅全

标准书号 ISBN 978-7-301-30367-2

出版发行 北京大学出版社

地　　址 北京市海淀区成府路 205 号　100871

网　　址 http://www.pup.cn　新浪微博:@北京大学出版社

电子信箱 sdyy_2005@126.com

电　　话 邮购部 010-62752015　发行部 010-62750672
编辑部 021-62071998

印 刷 者 三河市博文印刷有限公司

经 销 者 新华书店

880 毫米×1230 毫米　A5　7.875 印张　151 千字

2019 年 6 月第 1 版　2020 年 11 月第 4 次印刷

定　　价 39.00 元

名家推荐

大数据正在成为新经济的土壤。毫无疑问，数据是一种新的重要资源，很多公司甚至公开承认数据就是它们的资产。数据是资源又是资产，这就是个人与个人、公司与公司、国家与国家之间将会频发数据战争的根本原因。这是时代的话题，需要大众的关注、表达和行动！本书梳理了数据战争的多维细分战场，对如何达成数据空间的和平治理进行了思考，值得参考和阅读。

涂子沛

著名大数据专家

《大数据》《数据之巅》《数文明》作者

从古至今信息量随着文明程度的提高而快速增加，近年来，大数据让我们对世界事物的发展变化产生了新的认知。在信息量大到一定程度后，配合上前所未有的强大算力及机器学习算法，使从前根据低信息量推理出来的逻辑及思想模型出现破溃。世界充斥着海量数据分析、神经网络算法、自主化智能等科技产品，人类在迫不得已下与机器进行互动或博弈，伦理问题逐步开始浮现。例如，当你知道自己的 DNA 的排列会更容易得血癌时，你会为此多买一些保险吗？如果保险公司知道了，保险公司有权拒绝受保吗？

下面我再分享一个更典型的例子，在 2018 年 3 月 18 日晚 10 点左右，一名市民在美国亚利桑那州坦佩市骑车横穿马路，被一辆自动驾驶汽车撞倒，不幸身亡。虽然车上有驾驶员，但当时汽车完全由自动驾驶系统（人工智能）控制。和其他涉及人与人工智能技术交互的事故一样，这起事故引发了一系列的道德和责任问题：开发该系统的公司在防止该系统出问题方面负有怎样的责任？坐在驾驶位置上的“司机”有责任吗？为自动驾驶而作的安全测试足够吗？现今的道路设计已经足够应付自动驾驶了吗？更有人提出，在意外发生的一刹那间，如果自动驾驶系统要作出一个决定，在驾驶员与横过马路的受害者之间选择减少伤害，抉择权应该在谁手上呢？一下子好像难以找到好的答案。

我知道国内有很多有心人，一直在为科技安全落地而努力。本书来得正合时，以何渊先生为首的一班有志者在科技伦理这个空白里填入更多的国内外相关案例，很好地让大家对未来的科技有更深的认知。在下有幸作为大数据实践先行者之一，为这本新书写推荐语是我的荣幸，也是为社会作些许贡献。

车品觉

香港科技园公司董事

阿里巴巴集团原数据委员会会长

我第一次见到何渊老师是在2017年秋的上海交通大学凯原法学院，那天中午我专程过去与几位法学院老师讨论合规问题，我当时特别想了解法学家们是从哪些角度关注合规问题，合规在法学院教学课程设置中有哪些教学价值。

何老师在讨论结束后很谦虚地问了一些问题，随后就邀请我加入他主持的关于数据合规的微信群。我进去后吃了一惊：几百人的一个群，汇集了学者、执业律师、政府官员、法官等，他们都和数据工作相关。在群里，也有很多国企、民企及外企的公司法务同行。很快，我被这个群里的文章、信息和资料吸引住了，大家关注问题的深入性及宽广的国际视野让我大受启发。我自2016年兼任我就职的公司的数据隐私负责人以来，第一次大规模地直接接触到这么多高质量的数据法相关讨论和案例内容，受益良多。在随后与何老师多次定期接触和讨论中，我了解到他非常广泛、系统地研究

“数据合规”“数据治理”的立法及司法实践问题，他对中外相关法律及案例的钻研极有敏锐度和前瞻性。

《大数据战争》一书深刻、全面地阐述了人工智能时代最强有力的资产——数据对人类社会的影响，包括经济、政治、国家安全及道德伦理。本书中呈现的法律思想给我提供了独特的思考角度，帮助我重新认识大数据，同时教我紧密关注有影响力的案例和法律实践。感谢何老师为我和其他读者提供了许多有益的启示，希望本书能让更多人关注科技和科技法，并让人们进一步思考科技应该如何推动人类和社会文明的进步。

张曦

拜耳大中华区副总裁、总法律顾问

人工智能是人类社会未来30年发展的引擎。未来国与国之间的战争，主要争夺的是资产，尤其是数据资产，而不再是土地与石油。得数据者得天下。可以说，大数据资产是涉及国家安全的战略性资产。

为了推动大数据产业的健康发展，国家出台了一系列政策法规，以规范支持大数据产业的合法合规发展。大数据安全是“1”，大数据技术与各类大数据场景应用，是“1”后面的无数个“0”，如果“1”没有了，那么一切也都归零了。所以说，大数据安全是整个大数据产业的基石。

何渊教授团队是业内屈指可数的既对法律法规有深刻理论造诣，又对产业发展有实战经验的理论与实践完美结合的团队。何教授团队倾力奉献的《大数据战争》一书，内容翔实丰富，案例剖析深刻生动，是难得一见的对读者朋友有巨大帮助的好书。

在 20 年 IT 从业、15 年大数据从业的过程中，我目睹了行业中一些人因法律意识淡薄，利欲熏心地去非法缓存个人数据做“死库”，不按法律法规要求去做脱敏脱密加工数据产品，更有甚者直接倒卖个人信息数据，进而被定罪判刑。特此，强烈向所有大数据从业人员或对大数据感兴趣的朋友推荐本书，相信大家会从本书案例分析与政策解读中获益匪浅。

汤寒林
江苏省大数据交易和流通工程实验室主任
华东江苏大数据交易中心董事、总经理

世界正在悄然进行一场无硝烟的大数据战争（代序）

在小说《流浪地球》中，刘慈欣提出了一个有趣的话题：未来，如果太阳的灾变将炸毁和吞没地球，人类的唯一选择只能是向外太空移民，那么应当如何移民呢？刘慈欣给出了两个方案。

第一个是飞船方案。即通过建造像上海或纽约那么大的飞船，带着人、植物种子及动物胚胎，像挪亚方舟一样移民到其他行星。飞船方案的好处是技术成熟、有灵活性及风险可控。但其最大的问题是生态系统的规模。离地球最近的有行星的恒星在 850 光年以外，需 17 万年时间到达，而飞船规模的生态系统根本维持不了。“人类在宇宙间离开了地球，就像婴儿在沙漠里离开了母亲。”

第二个是地球方案。即通过在地球上建造 1 万多座行星发动机，带上地球一起流浪，前往 4.3 光年以外的比邻星，整个移民过程将延续 2500 年，100 代人。地球方案相对靠谱，其最大优势是地球所具有的复杂和多样的生态系统，这是人类已知和未知的所有生存方案的唯一来源。但地球方案的最大问题是让地球脱离太阳系并漂移到比邻星，从能量的角度是很难做到的，因为光速飞行会使得能量的消耗变得近乎无穷大。

于是有了第三个方案，即大数据方案。吴军在《科技史纲 60 讲》中提出，按照质量高低次序排列，分别是自然人、人类胚胎、人类基因以及人类基因信息等，而与质量相关的能量是决定移民成功与否的关键因素。从这个意义上讲，大数据方案也许最为可靠，即用超光速将纳米机器人送到 850 光年以外的行星，让它们为人类建设“殖民地”，然后再直接将人类基因信息而不是把人的肉身送过去。在新行星上，通过 3D 打印出人的 DNA 并复制出人的肉身。至于人的意识，由于其本质上是一种算法系统，在未来也可以数据的形式传输到新的行星，并通过脑机接口输入到复制人的肉身，这样一个完整的人就复原成功了。于是，人类可以逃离即将爆炸的太阳，在距离地球近千光年外的行星上继续繁衍生息。

这场景看起来相当科幻，但并非不可能成为现实。在不远的未来，特别是随着以 5G 和物联网为基础的人工智能时代的到来，数据的作用再怎么强调也不为过。英国著名杂志《经济学人》曾在一篇文章中指出，世界上最重要的资源不再是石油而是数据，但如同石油贸易的冲突几十年来让世界伤痕累累，数据经济的发展也将使得世界面临“数据战争”风险。这也正是本书以《大数据战争》为书名的缘由。可以说，一场没有硝烟的争夺大数据控制权的战争已经悄然在国家、企业、个人之间展开了。

2018年是中国数据合规的元年，这一年数据隐私和数据安全问题频发。年初支付宝年度账单默认勾选《芝麻服务协议》被质疑侵犯隐私权，百度涉嫌侵害消费者个人信息安全被江苏省消保委提起公益诉讼；下半年的大规模数据泄露事件引发了全民的安全担忧，包括华住酒店集团旗下连锁酒店近5亿条用户信息被泄露，12306网站470余万条用户数据在网络上被贩卖。据2018年8月中国消费者协会发布的《APP个人信息泄露情况调查报告》显示，遇到过个人信息泄露情况的人数占比为85.2%，没有遇到过的仅占14.8%。

与个人信息相关的犯罪也屡见不鲜，上市公司“数据堂”涉嫌侵犯公民个人信息罪被查，简历大数据公司“巧达科技”非法交易个人信息达数亿条，引起社会的广泛关注，也被有关部门查封。另外，算法涉及的伦理问题也开始显现，“同房不同价”等大数据“杀熟”让携程等企业备受争议，大数据让“价格歧视”具有了现实可能性；“精准营销”更是令人胆战心惊，明明只是在电商平台上搜索过某商品，新闻资讯类APP上却出现了相同商品的广告。

与此同时，这个世界也不安宁，欧盟和美国就数据保护的国家立法管辖权展开了“殊死争夺”，其本质是数据本地化和数据全球化的对抗。王志安在《交大法学》上发表的文章中指出，欧盟《通用数据保护条例》（GDPR）试图建立以个人数据权利保护为基础的法律规则高地，宽泛的规则域外效力和严格的数据跨境移转制度等体现了鲜明的数据本地化特征。而美国则在通过“避风港规则”和“隐私盾协议”与欧盟加强合作的同时，又积极推动数据全球化规则，通过《澄清境外数据的合法使用法案》（即 CLOUD 法案）强调美国企业存储和披露全球数据的法律义务，以实现美国在全球的数据霸权主义。

另外一个趋势也特别值得注意，美国、欧盟、日本三方正在加速数据保护规则的融合，试图在数字经济领域用双方贸易规则取代 WTO 框架下的多边贸易规则，欧盟和日本之间已实现包括数据流通在内的自由贸易，欧盟和美国之间也有“隐私盾协议”，美国和日本之间就数字经济多次发布了部长级的联合声明。面对这种极其不利的国际形势，中国如何在数据规则方面迅速融入世界，甚至主导国际标准的制定，而不被美国、欧盟、日本排除在数据标准话语权之外，已成为一个不可回避的紧急任务。

正是在这种数据规则大变局的国际背景下，我们开始逐渐形成了要撰写一本《大数据战争》的强烈愿望，希望通过对国内外数据法典型案（事）例的整理、对国际数据治理经验的总结，为中国的数据立法提供理论储备，更为中国企业的数据合规提供实践指导。基于此，我们精心选取了最为重要的数据法案（事）例，其中既有经典案例，也有最新案例；我们还邀请了一线实务专家来撰写本书，他们中既有亲历案件的公司法务，也有深谙实务的专业律师，还有精通外语和把握趋势的学术专家。具体而言，本书从以下几个角度来设计框架：

一是个人与企业的关系角度。本书从朱烨诉百度案谈cookie隐私权，认为网络用户披着以技术为名的“皇帝的新衣”，一举一动都被企业注视着；本书从任甲玉诉百度案讨论“被遗忘权”或“删除权”，认为中国法律并没有规定“被遗忘权”，要想保护这类一般人格利益，必须证明其具有正当性和应予保护的必要性；本书还从庞理鹏诉东航、趣拿公司案讨论个人信息的安全问题，认为合理界定企业责任边界对数字经济的发展至关重要。

二是企业与企业的关系角度。首先是企业间的竞争关系。本书从新浪微博诉脉脉案谈数据竞争规则，认为第三方通过Open API获取用户信息时应遵循“用户授权”＋“平台授权”＋“用户授权”的三重授权原则；本书从大众点评网诉百度案看数据的爬虫规则，认为目前司法实践大都从反不正当竞争角度出发，考虑的更多的是数据抓取、使用行为是否正当，而数据的使用规则和权属划分有待进一步探索；本书从淘宝诉美景案讨论大数据产品的权益边界，认为淘宝“生意参谋”属于竞争法意义上的财产权益，构成了淘宝的竞争优势；本书还讨论了最近发生的“头腾大战”，认为微信/QQ与抖音/多闪争夺的不仅仅是用户昵称及图片等数据，而且还包括这些数据后面的“关系链”。

其次是企业间的合作关系。本书复盘了Facebook的“数据门”事件，讨论了开放平台的失败和重生。本书认为，该事件改变了平台未来的商业模式和监管方式，也改变了我们的情感、利益和观念。

三是个人与国家关系的角度。本书聚焦于美国法中的“合理隐私期待”原则，重点复盘了凯洛诉美国案（Kyllo v. United States），详细论述了用热像仪观察屋内是否种植大麻侵犯了公民隐私。美国联邦最高法院认为，如果没有对宪法保护区域的实际入侵，通过使用感官增强技术是无法获得任何关于公民住宅内部的信息的，这种获取信息的行为构成了法律上的“搜查”。

四是国家与国家关系的角度。本书从微软诉美国司法部案解读美国 CLOUD 法案，论述了美国在数据法领域的长臂管辖原则，并对中国企业提升海外合规风险能力提出了建议；本书还讨论了欧盟 GDPR 首个执法通知 AIQ 案，该案是依据 GDPR 的长臂管辖原则作出处罚的第一案，还涉及剑桥分析公司涉嫌通过提供选民数据操纵英国脱欧公投一事。

五是数据黑产的角度。本书从数据堂案件出发，强调应对数据黑产是看不见的战争，更是看得见的威胁。目前数据黑产有蔓延的趋势，在数据中间商的撮合之下，上达数据源头，下接数据需求者，形成了一个日益庞大的地下黑色数据产业链，有待于政府各机关进一步加强执法强度和形成执法合力。

可惜的是，中国个人信息保护的相关法律并不完备。虽然《网络安全法》《民法总则》等法律规定了侵权者的民事责任，《刑法》及相关司法解释规定了侵犯公民个人信息罪，强调了侵权者的刑事责任，作为推荐性国标的《信息安全技术个人信息安全规范》也对个人数据保护提供了执法的标准，但由于中国没有针对个人信息违法行为的行政处罚等前置程序，直接从民事责任过渡到刑事责任，难以形成执法合力，“要么没事，要么坐牢”的现状让很多人铤而走险。

值得庆幸的是，中国立法机关开始重视个人信息保护法律体系的建设，《个人信息保护法》和《数据安全法》已纳入十三届全国人大常委会立法规划的第一类项目；执法机关也开始频频出手，采取约谈、责令整改及罚款等方式打击各类与个人信息相关的违法行为。对企业而言，未来的数据合规能力涉及“生死存亡”问题，监管机关的“达摩克利斯之剑”随时都有可能落下，正所谓“数据合规，合则生，不合则亡”！

这里，我要感谢本书的所有作者，没有大家一起的努力，不可能有这部独一无二的原创作品。他们分别是张瑶、宁宣凤、吴涵、冯坚坚、袁立志、麻策、王磊、许可、尹云霞、周梦媛、黄琰童。谢谢他们！

另外，我要感谢天册律师事务所合规团队的同事们，数据合规的执业实践对我构思本书的框架起到至关重要的作用。他们分别是谢涛律师、傅林涌律师、刘森律师以及实习生胡慧雯同学等。谢谢他们！

我还要特别感谢“数据法盟”（DataLaws）这一平台上的所有参与者，正是通过“DataLaw 数据合规沙龙”“DataLaw 读书会”以及“DataLaw 公益翻译小组”等不同方式的深度参与和无私奉献，使得我们共同铸就了一个有关数据隐私和网络安全的高端知识共同体，后续我们将通过公开出版系列丛书的形式总结世界各国的监管法律及政策、分享跨国公司和“独角兽”科技公司的数据合规经验，最终实现“以全球视野，为中国数据立法建言；以中国智慧，为国际数据规则献策”的目标。

最后，我要感谢北京大学出版社朱梅全编辑，没有他的催促和策划，这部作品很难有这么高的品质。

人工智能是人类自工业革命以来最大的变革，必将对人类社会产生结构性的根本影响，而大数据正是其中最重要的变量。身处这个剧烈变革时代的前夜，我想以狄更斯在《双城记》中的一段诗句作为结尾，与诸君共勉：

> 这是一个最好的时代，这是一个最坏的时代；
> 这是一个智慧的年代，这是一个愚蠢的年代；
> 这是一个信仰的时期，这是一个怀疑的时期；
> 这是一个光明的季节，这是一个黑暗的季节；
> 这是希望之春，这是失望之冬；
> 人们面前应有尽有，人们面前一无所有；
> 人们正踏上天堂之路，人们正走向地狱之门。

是为序。

何　渊

2019 年 3 月 28 日

于上海交通大学法学院

目　录

第一篇
你的数据，谁的财富

第一章

数据黑产：看不见的战争，看得见的威胁

□张 瑶｜前《财经》记者

“×先生/女士您好，请问您最近有在××地段买房的计划吗？”

接到类似营销电话的时候，也许你也曾感到疑惑，为何电话那端的陌生人恰好知道你的名字和联系方式。循着“姓名+电话+需求（买房/贷款/车险等等）”的信息包往上追踪，也许你能发现一个庞大的非法数据交易产业链，大量来源不清、涉及隐私、掺杂商业秘密的数据在其中被流转，待价而沽。

以2016年高考生徐玉玉遭遇数据泄露导致的“精准诈骗”猝死为起点，中国迎来一轮打击个人信息黑产的执法风暴，庞大的数据黑市因此得以浮现在公众视野——数据采集、清洗、挖掘、分销、应用形成完整产业链条，“内鬼”、黑客、清洗者、加工者、数据中间商、买家等寄生于此，催生市场

规模超千亿元的灰黑产市场。源于黑市的海量数据被大量用以“哺育”下游犯罪，诈骗、暴力催收、勒索等违法犯罪行为因此更加猖獗。

与其他违法产业不同的是，现实中人们往往难以窥见数据黑产全貌，数据黑市也往往与暗网（指那些储存在网络数据库里、不能通过超链接访问而需要通过动态网页技术访问的资源集合，不属于可以被标准搜索引擎索引的表面网络）等概念相关联，显得神秘而遥远。但事实上，非法数据交易从业人员可能就潜伏在人们身边，他们以各类形式伪装自己。从让人不适的精准营销、基于大数据风控的网络小贷，到为人量身定制的精准诈骗，再到更多基于精准定制客户数据的犯罪产业，都可能成为数据黑产的典型变现场景。

在 2017 年的行业大整顿开始之前，你甚至不需要耗费太多搜索成本就能找到大量非法数据掮客。大量非法数据买卖、隐私交易时常通过公开互联网进行，与互联网金融等行业相依相生，带来丰厚利润。

这是一个极端暴利的行业，消除它并不容易——一个意外出现的系统漏洞、一个心怀不轨的公司“内鬼”、一笔未经严格规范的数据交易，都可能导致大规模数据进入黑市。而一旦进入黑市，数据集就永远留存沉淀下来，等待被产业链上其他从业者循环利用和变现，直至榨干最后一点价值。

那么，各类数据缘何被染上“黑产”底色，谁又因窃取数据而暴富？哪些看似合法的数据交易实际上潜藏法律风险？

数据黑产如何危害个人、社会和产业，法律又如何为其划出红线？

一、一个营销电话背后的黑产阴影

2018 年，正当 Facebook 深陷“数据门”引来全世界关注之时，很少有人知道，中国有一家大数据公司同样深陷“数据门”。

时间要回溯到 2017 年 4 月。一个名为“全球数据供应商”的 QQ 群里，时常有人出售带有房地产、金融等相关标签的手机号等数据包，其中一笔 2000 条个人信息数据被卖往山东省费县。正值中国官方整治数据黑产行动关键期，这宗看似普通的非法数据买卖背后，一些重要数据公司活动的迹象引起警方注意。

经费县警方侦查，上海一家商贸公司的 5 名员工有重大嫌疑。随后，这 5 人因涉嫌传播 20 余万条公民个人信息而被警方控制。但警方发现，这仅仅是这起数据交易的末端，链条中还有诸多上游卖家。他们手中的数据购自扬州一家信息科技有限公司，该公司的法定代表人、业务负责人、数据负责人等 11 名员工随后被警方控制。

从扬州这家公司再往上追溯，一家在新三板上市的大数据公司浮出水面。后来的起诉书称，数据堂（北京）科技股份有限公司（以下简称“数据堂”）的一名员工在征得上级同意后，与扬州这家公司签订了数据买卖合同，数据堂一共向其交付包含公民个人信息的数据60余万条。扬州这家公司则向其客户发送公民个人信息168万余条。警方随即对数据堂及其服务器展开了调查。

作为这一数据黑产链条的重要环节，数据堂被牵连其中，立刻在业内引发了轰动。自成立初始，数据堂就是一家定位于大数据交易的平台，在业内是最早“吃螃蟹者”之一。2014年11月，数据堂在新三板上市，其创始人和高管团队来自明星互联网公司和知名院校。2016年，数据堂的市值一度达21亿元。

年报显示，数据堂共有四条业务线，即营销线、金融线、财经线和人工智能线。检方审查查明，营销线在运营时，由资源合作部购入数据，资源平台部负责接收数据，并将数据放入公司集群。技术组根据产品组的要求，将集群上的数据根据用户的兴趣、爱好分别打上不同标签，之后依据客户需求向其传输数据。

据警方向媒体所作的介绍，上述卖给扬州公司的数据经过了清洗和处理（剔除无效信息及将其标准化），主要内容为手机号、地区和偏好（如房地产相关等），最终用途主要为精准营销。

事实上，这一非法数据交易链条仍未完成追溯。警方接着向上追溯，发现数据堂工作人员涉案数据购自济南的一家商贸公司，而后者的上线为中国联通一家合作商的两名“内鬼”员工，这个链条上的信息涉及全国15个省份手机机主的上网数据和偏好，包括手机号、姓名、上网数据、浏览网址等，均为原始未脱敏数据（即未进行去个人化、去隐私化处理的包含个人敏感信息的数据），平均正确率为99.99%。

2018年，检方以侵犯公民个人信息罪为由，对包括数据堂首席运营官在内的6名员工提起公诉，数据堂也因此陷入危机之中。

数据堂6名员工被指控的罪名，是近年来数据黑产最易落入法律制裁的罪名之一——侵犯公民个人信息罪。流通的非法数据大多涉及大量公民隐私或个人数据，极易触碰这一红线。

根据《刑法》第253条之一，违反国家有关规定，向他人出售或者提供公民个人信息，情节严重的，处3年以下有期徒刑或者拘役，并处或者单处罚金；情节特别严重的，处3年以上7年以下有期徒刑，并处罚金。

这里的“国家有关规定”，按照2017年6月1日生效的《网络安全法》的要求，一个首要的底线就是数据主体的“同意”授权——任何个人和组织不得窃取或者以其他非法方式获取个人信息，不得非法出售或者非法向他人提供个人信息。

令从业者更胆寒的是与《网络安全法》同日生效的《最高人民法院、最高人民检察院关于办理侵犯公民个人信息刑事案件适用法律若干问题的解释》，这份文件对构成上述侵犯公民个人信息罪需要满足的“情节严重”标准作出了解释，即非法获取、出售或者提供公民行踪轨迹信息、通信内容、征信信息、财产信息 50 条以上的；非法获取、出售或者提供公民住宿信息、通信记录、健康生理信息、交易信息等 500 条以上的；非法获取、出售或者提供其他公民个人信息 5000 条以上的；违法所得 5000 元以上的，构成“情节严重”标准。此外，利用非法购买、收受的公民个人信息合法经营获利 5 万元以上的，也构成入罪的“情节严重”标准。

而据新华社报道，数据堂在 8 个月时间内，日均传输公民个人信息 1.3 亿余条，累计传输数据压缩后约为 4000GB，公民个人信息达数百亿条，数据量特别巨大。

回看该案链条，中国联通经用户授权合法获得其个人信息，中国联通合作商理应取得合法授权，但该合作商中的“内鬼”员工私自窃取信息再卖出去，从这一步开始，这些流通的个人信息来源已然涉嫌非法，购得这些信息并进行加工的数据堂人员，如果明知来源非法却依然进行交易，则有极大的涉罪风险。也就是说，数据堂在数据的买入和卖出环节，均存在风险把控能力的缺失。

不过，数据堂并非没有意识到其核心业务可能触雷的风险。数据堂 2017 年年报就指出：“公司作为一家数据收集和交易公司，必然会和形形色色的数据打交道，国家在不断出台各种法律法规来确保数据来源及交易的合法性，因此如何合法合规地获取与交易数据成为大数据企业，特别是数据资源和交易公司的潜在法律风险。”

案件虽然了结，涉案的数据堂员工被分别判处有期徒刑一年六个月至三年不等，但数据堂仍未走出数据交易涉及黑产所带来的阴影。

2017 年，数据堂归属于挂牌公司股东的净利润为亏损 9758.49 万元，全年统计金融线营收为 772.9 万元，营销线收入为 44.9 万元。公司的官方解释是："对合法性界定不清的金融线及营销线业务予以关停。"数据显示，数据堂曾对营销线、金融线两条业务线的利润寄予厚望，并进行了大量的资金和技术投入。

二、看似合法的数据交易背后也潜藏黑产雷区

从掌握核心数据的电信运营商、电信运维服务企业，到大数据分析、加工企业，再到精准营销公司，数据堂所涉案件涉及数据流通各环节，在数据安全、采买、使用等行业领域都产生了巨大震动。执法者对这一链条的全面打击也使得许多商业模式游走在法律边缘的企业紧张了起来。

尽管数据堂多次将数据交易的合法性风险写入公司年报，最终也未被起诉单位犯罪，但数据堂的风险管控能力、合规意识的短板暴露无遗。这引发了许多从业者的反思。对许多大数据公司、互联网公司而言，数据流入是否经过主体授权并且有清晰的路径，内部处理过程是否经过严格的评估和审计，转出过程中是否对隐私数据进行了脱敏、做好商业模式合法化评估等，都需要被重新审视。否则，一旦数据失控流入黑产，不论是对社会，还是对公司和数据控制者本身，都

将带来严重的影响。

2017年数据堂停牌之时，由于恰逢《网络安全法》实施，许多业内人士因此猜测，其出事是否与大数据风控行业大整顿有关。不过，随着案情的公布，更多人相信，数据堂并非一开始就被确定的打击对象，而是经过对数据黑产脉络的层层追溯而被牵连。这让一位从业者感叹说，人们过去往往认为数据黑产是“黑天鹅”风险，但一起简单的案件也能牵连出业内知名公司，这意味着非法数据交易存在已经十分普遍，更像是“灰犀牛”——太过于常见以至于人们习以为常。

事实上，监管部门对于大数据行业近年来飞速发展过程中潜藏的“黑产”和模糊地带一直十分警觉。特别是涉及大量公民隐私数据的非法数据交易，过去苦于法律不完善、交易过程隐蔽、取证困难等原因，力度一直很弱。2016年以来，随着网贷、诈骗等相关产业受到严监管，与其密不可分的数据黑色产业链也走进了监管视野，那些潜藏在合法外包装之下的非法数据流转，也逐渐被暴露在阳光下。

一位长期与数据黑产对抗的高层执法者曾对笔者总结说，过去数年间国内数据黑产的现实状况是，大数据行业一直处于“野蛮生长”状态，在采集、流通、交易、应用等环节无章可循，如果严格按照法律的要求界定合法与非法的边界，“市面上70%的公司和商业模式都有问题”。他的体会是，比起公众想象中那些高深复杂的黑客技术和难以企及的暗网，数据黑市离普通人的生活实际上近很多。

例如，从他所在部门侦办的很多案件来看，国内一些从事互联网技术、金融服务、期货股票交易等业务的公司，在近年来的发展红利期积攒了大量数据，受制于经营不善、管理不当等原因，一些公司甚至靠出售包含大量公民隐私的数据支撑生存。由于法律规定不明朗，执法者也不关注，市场上鲜少有人在乎数据集来源是否合法，对这类“黑灰色”交易也就心照不宣了。

无独有偶，在新三板上市的另一家科技公司也被执法者盯上了。2018 年 8 月，北京瑞智华胜科技股份有限公司被曝光涉嫌非法窃取近 30 亿条用户数据进行精准营销。据澎湃新闻等媒体报道，自 2014 年开始，这家公司以竞标方式先后与覆盖全国十余省市的三大电信运营商签订服务合同，为它们提供精准广告投放系统的开发和维护服务，进而拿到了运营商服务器的远程登录权限。由于软件开发业务的收入不多，又能接触到大量运营商流量，于是这家公司开发出一种新的商业模式，通过清洗 cookie 等方式操纵用户账户，至少有含有 30 亿条用户的数据被其截取后，用以进行刷量、加关注等操作。

截至 2019 年 3 月，由于案件仍在处理中，上述含有大量隐私和商业价值的数据是否流入了更广泛概念上的“黑市”，我们不得而知。新三板交易系统的公告显示，这家公司的法定代表人等多名高管已经被警方控制。

近两年，我国对非法数据交易的打击力度逐步加大，类似案件越来越多，一些数据掮客和中间商已有所行动。特别是以前许多打着征信、互联网金融旗号的公司，或者开始纷纷转型，或者商业模式从直接卖数据、卖数据接口转向卖模型、卖结果。

侦办数据堂一案的山东省临沂市警方曾向笔者介绍过一种他们发现的“新情况”，即有大数据公司为规避风险，在数据销售过程中，将涉及公民隐私的数据拆分成不同部分，每段均无法识别到个人，到了需求端再自行整合起来，形成对个人的完整数据。这类技术规避行为事实上亦涉嫌侵犯公民个人信息犯罪，属于非法数据交易。

三、非法数据从何而来

一管难以窥全貌，但行业的人人自危和大量案例的披露表明，不论是个人还是行业，缺乏必要的安全和风险意识，数据就可能被下游黑产所窃取、利用。而对产业而言，商业化驱动之下，对数据这一资产的合法利用意识将经历漫长的进步过程，加之国内立法、执法环境长期落后，因而黑产逐渐滋生，每年的产值都会超千亿元。

“如今网络社会中的公司拥有前所未有规模的个人完整数据，而个人则对自己的数字足迹失去控制。行业追求个人数据的最大化变现，出于商业或政治目的而被定位、画像和评估的程度，已经超越人们的控制和认知，个人感受到无助，他们需要被赋予权利以更好地控制自己的信息。”谈及这个时代我们所面临的最大挑战，欧盟数据保护监管机构(European Data Protection Supervisor，EDPS)主管乔瓦尼·布塔雷利(Giovanni Buttarelli)曾对笔者说。2018年5月，他深度参与立法的欧盟《通用数据保护条例》（General Data Protection Regulation，GDPR）生效，在全球范围内掀起一波数据保护的潮流。

笔者曾访谈和近距离观察过许多数据黑产的从业者，如果说这一地下产业有什么共同的特征，那就是暴利——“钱”字当头，从数据的采集、保存、处理到利用的每一个环节，黑产都能在其中找到漏洞和落脚之处。不止一位业内的资深“白帽子”黑客（即利用黑客技术测试网络和系统的性能来判定它们能够承受入侵的强弱程度的群体）说过，暴利驱动之下，如果说还有什么数据没有被泄露，那一定是因为利益还不是足够高。

那么，数据黑产有哪些落地场景，能够以怎样的方式给个人、社会和产业带来伤害？要回答这个问题，我们首先需要明确什么样来源的数据可以被称为“黑产”。从全球数据来看，黑客非法入侵和“内鬼”私卖数据构成滋养数据黑产的两大重要渠道。

2018年8月底，一则来自暗网的数据售卖广告引起轰动。有黑客以8个比特币或520个门罗币（一种虚拟货币）的价格，出售美股上市企业华住酒店集团旗下酒店数据，量级达到140GB，约5亿条数据。发帖者称，8月14日其对华住酒店进行了数据库“脱库”（黑客术语，意即将数据库里所有数据全部盗走），有效数据包括汉庭、桔子等酒店的入住开房记录、房间号、手机号等大量用户数据等。

该数据库被多家媒体证实数据真实性非常高，华住酒店集团随后报警。9月19日，上海警方公告称，已经抓获犯罪嫌疑人刘某某，他“黑”入华住酒店集团旗下酒店系统获取数据并在境外网站出售，但未交易成功。

在数据黑市上，一个现象是，数据越精准价格就越高，而每种数据都有各自不同的标价。例如，包含大量精准个人隐私的医疗数据，属于业内尖货，既可以被下游的犯罪团伙用以精准诈骗，也可能被不知情的保险公司、互联网医疗公司等购买用以发展业务甚至训练AI模型等。

对黑客行为的规制，刑法有较为清晰的界限，如非法侵入计算机信息系统罪、非法获取计算机信息系统数据/非法控制计算机系统罪、破坏计算机信息系统罪等，违反者可能获刑7年以内或5年以上不等有期徒刑。由于数据黑产中最有价值的部分往往是包含大量个人信息的数据，因而黑客也可能被以上文提到的侵犯公民个人信息罪所制裁。

2017年，在一场打击涉公民个人信息违法犯罪行为的行动中，共有389名涉案黑客被抓获。

此类大型黑客入侵事件往往动辄涉及上亿条数据，因此容易引起舆论轰动。尽管近年来网络安全问题越来越受关注，各类公司和数据持有机构对数据安全的重视程度也在不断提高，不过暴利之下，它们仍然面临十分大的安防压力。

黑客入侵现象需要不断提升技术能力解决，数据黑产的另外一大重要源头——“内鬼”，则更难以防范。公民的身份、通信、网络行为等每天都产生海量数据，被各类机构和企业收集、存储，而这些机构和企业内部具有数据访问权限的“内鬼”监守自盗，构成了大量数据黑产甚至“精准定制”黑产的重要来源。

媒体公开信息显示，2017 年，公安机关打击利用工作之便窃取、泄露公民个人信息的违法犯罪行为，各部门、各行业内部都有涉案人员，共 831 名。

物流行业颇为典型，其数据转移链条非常长，工作流程中许多员工都需要接触到数据，防范“内鬼”将数据卖入黑市的难度也就更大。

2018 年 4 月，顺丰 11 名员工因倒卖用户快递面单信息获刑，涉及安保部主管、市场部专员、仓管、快递员等岗位。从该案可见，普通快递员即可收集包含姓名、电话、住址在内的个人信息，并转手获利。8 月，暗网亦有广告称可以以几十个比特币的价格出售大量顺丰客户数据，但该数据后来未被证实是否为真。

拥有大流量、掌握大量个人信息数据的互联网平台也可能成为泄露源头。公开案例显示，智联招聘、苹果等公司均曾出现过买卖公民简历、账号等信息的“内鬼”。网络安全公司迈克菲（McAfee）的调查显示，43％的数据泄露都来自“内鬼”，而信息安全论坛（Information Security Forum）的调查结果则显示这一比例为54％。

笔者曾与金融、电信等几个行业有“内鬼”或者数据掮客经历的员工有过交流，他们都曾因违法出售公司数据而获得丰厚利润，又大多为此付出代价。一个共性是，他们对倒卖数据的违法性大多有所警觉，但经不住主动找上门来的巨额利益诱惑，最后给自己、客户和公司造成损失。

印象最深的是一个年轻有为的东南地区城商行总经理，因业务缘故他能够接触到全国所有公民的征信报告，受到利益诱惑，他将大量的征信数据以70元/份左右的价格卖给互联网金融公司，短短两个月就赚了几十万元。坐在看守所里，他低声说，自己以前上网查过，就算被抓了也说不定能取保候审，一般也就判两三年，因而一直存有侥幸心理。

一位资深网络安全工程师感言，防范数据黑产很多时候犹如建立起一道看似坚固的“马奇诺防线”——你可以建起一面坚固而昂贵的墙、设置周全的防御测试、花费大量的人力物力来维护，但是如果你的敌人来自内部，那么所有的安全防线就可能被绕过。

回溯这些数据黑产的来源有利于我们全面理解数据黑产的形成原因——长期以来，立法的模糊与缺失、执法的不明确，加上行业的飞速发展和其中潜藏的暴利，使得大量个人隐私数据、商业数据通过各种方式流入黑市，又最终回到那些看似合法的商业模式和产业当中。而随着 2017 年以来的数据保护立法执法力度不断加强，这类行为都面临极大的合规和法律风险。

数据堂一案就颇为典型。警方信息显示，有多达 15 个省份的电信运营商机主的手机浏览数据、姓名等都被运营商的供应商中的“内鬼”售出，构成了这条黑产链的源头。

四、数据黑产猖獗伤害了谁

由于正规数据公司的灰色行为，数据市场的“黑白边界”在逐渐模糊。目前可见的红线是，数据来源是否合法、交易数据是否脱敏。

但问题在于，大数据公司交易成千上万条信息，其中掺杂来源非法、未脱敏的数据，其实很难发现。由于处于地下状态，没有人能够估算数据黑产的整体产业产值和具体危害，我们也往往只能够通过公开案例窥到这座冰山的一角。

从上述数据堂所涉案件的数据贩卖链条溯源可以发现，电信运营商中的“内鬼”将机主浏览过的网址等上网数据卖出，经由大数据公司进行清理和挖掘，打上“购房”“金融”“医院”等个人偏好标签，完成精准描述后存储。法院判决显示，大量的个人数据经过反复流转，最终以“需求＋联系方式”的形态，大多被定制化出售给下游有需求的精准营销公司。

精准营销可谓是从黑产中流出的数据最广为人知的一个

应用和变现场景，其伤害可以说也最低。以房地产销售为例，一张标有电话号码、姓名的潜在买房者清单，是销售人员的营销利器。

一名北京房地产中介为完成销售业绩，从朋友推荐的数据中间商手中花费 200 元买到一份含有近千个附近楼盘所有业主姓名和电话号码的数据表，他打印出来后，每天挨个致电，询问是否卖房。网络技术大大减少了获取这些信息的成本，15 年前，房地产中介如果想获得业主信息，需要花费不止 200 元以获取物业高管信任，套取业主信息。那时，印满业主信息的“硬货”还不是如今的 word 文档，而是厚厚的黄页手册。

大量案例表明，侵犯公民个人信息犯罪的最大危害不是隐私泄露，而是为下游犯罪提供了实现可能。

公安部一名负责相关案件的警官说，2018 年爆发的电信网络诈骗、信用卡诈骗、网络传销等财产型犯罪，以及绑架、敲诈勒索、故意伤害等暴力型犯罪的背后，都能发现公民隐私通过互联网泄露的身影。

比起被骚扰带来的不适感，各类数据在诈骗分子手中有更高的变现价值，他们也是数据黑产的最大买家。诈骗者的经验是，学生、中老年人、病患三大标签下的个人最易受骗。

许多人都还记得 2017 年轰动全国的徐玉玉案，她的意外死亡随后推动了整个中国数据保护的立法进展。

2016 年 6 月，年仅 19 岁的黑客杜天禹非法侵入山东省普通高等学校招生考试信息平台网站，窃取高考考生的数据64万余条。很快，一个叫陈文辉的人主动与他取得联系，花1万多元买走了10万余条高考考生的数据。

未过数日，山东临沂高三女生徐玉玉以569分的高考成绩被南京邮电大学录取。临近暑假尾声的时候，她接到一个陌生来电，对方对其信息和家庭状况了如指掌，并称是考入大学的老师，有2000元的助学金要发放给徐玉玉。由于之前确实申请过助学金，徐玉玉对电话那端的陌生人深信不疑，结果被骗走辛苦攒来的大学学费。在报警回家的路上，徐玉玉突发心梗去世。

在大量的电信网络诈骗案例中，都能看到诈骗团伙围绕受害者数据编造的精准“话术”。拨通电话之前，他们往往就已经对受害者的弱点有所了解，这也大大提高了诈骗成功率。他们手中的数据从何而来？正是大量的个人数据进入黑市，被加工描绘成对一个人的完整画像后，被用以诈骗。

一位长期与网络黑灰产对抗的安全专家观察到，特别是那些“新鲜”的、动态的数据，在数据黑产中最值钱。在徐玉玉案中，这也得到了充分的体现，正是因为对徐玉玉的家庭情况和高考申请情况了如指掌，犯罪嫌疑人才得以在短时间内就获取了徐玉玉的信任。

2018年5月31日，由京东金融研究院、中国人民大学金融科技与互联网安全研究中心、中国刑事警察学院共同撰写的《数字金融反欺诈白皮书》发布，该白皮书显示，由网络黑产主导的数字金融欺诈，已经渗透到数字金融营销、注册、借贷、支付等各个环节。另据相关统计数据显示，各种利用互联网技术实施偷盗、诈骗、敲诈的案件数每年以超过30%的增速在增长。

笔者曾对2016年至2018年5月涉数据黑产的261份公开司法判决进行梳理，对侵犯公民个人信息案件数据统计结果显示，案例中将个人信息用于营销诈骗的情况加剧，从2016年的20%增加到2018年的52%。侵犯公民个人信息罪与其他罪同犯的比例也大幅增加，2016年仅为23%，2018年已达到62%，其中最常一同出现的就是诈骗罪和盗窃罪。

除了精准诈骗，数据黑产的蔓延态势更令人担忧的一点在于，对个人的全方位精准追踪与对信息的精准定制。

如果对大量被起底的数据黑产链条进行解剖，可以发现，在数据黑产网络中存在大量的"条商"，也就是黑产的数据中间商，他们上达数据源头和持有者，下接合法或非法的数据需求者，通过整合、定制等各类方式将数据整合在一起，有些甚至沉淀下来形成"社工库"（黑市数据库）在暗网流通，危害也自然无穷。

一笔简单的数据交易背后，有可能包含多个源头、多层中间商，他们的协作错综复杂。2018年5月，山东肥城警方打掉的一个数据黑产网络中，追踪到多达19个数据泄露的"内鬼"源头，80多人是数据中间商。购买数据的客户中，既有小型互联网金融公司、保险公司、催收公司，也有需求各类特定自然人数据的个人和诈骗分子。

吸引人们铤而走险进入黑市贩卖数据的主要动因，是获利简单且利润高。数据黑市上的交易价格也呈现极端化——极贵或极便宜。不脱敏的数据极贵，可能一条 10 元，如果数据是由催收公司定制，每条或高达 1000 元。而那些已经在网上被交易无数次的数据库则非常便宜。

“道高一尺，魔高一丈。”听来有些让人失望，不过，这是笔者在私下最容易听到的一线网络安全工程师和网警说的话。全球范围内，各类主体对各类数据的收集仍在飞速推进，数据泄露、黑客攻击等现象每一天、每一秒都在发生，哺育大量下游犯罪产业。行业从业人员意识的普遍缺失、法律的空白、低成本高收益所带来的暴利，都是造成这一后果的原因，每一个人都将深受其害。

五、如何驱散数据黑产的阴霾

一方面，非法数据交易的泛滥滋生下游其他犯罪产业，引发舆论焦虑；另一方面，需要与数据打交道的企业、机构和政府，也成为其受害者，它们需要审视自己的商业模式和数据流转过程，避免数据被“染黑”。

《网络安全法》和相关司法解释实施以来，监管正在趋严，数据黑市已大规模地缩减。《网络安全法》规定，网络运营者收集、使用个人信息应当明示收集、使用信息的目的、方式和范围，并经被收集者同意。同时，任何个人和组织不得窃取或者以其他非法方式获取个人信息，不得非法出售或者非法向他人提供个人信息。

特别是那些掌握了大量敏感数据的行业，比如医疗、教育、金融、社交等行业公司和机构来说，随着数据资产的价值愈发受到重视，企业既需要保护自己的数据核心资产不被黑客窃取，又要做好内部权限访问制度和廉政系统杜绝“内鬼”。

如何驱散数据黑产的阴霾？在中国，当下针对数据泄露和涉个人信息的数据保护正逐步建立起一套行政、刑事和民事法律体系，但仍在合规成本、执法压力、法律衔接、维权难度等层面存在不同程度的难点。

首先是数据持有者的公法责任。《网络安全法》实施前，网络运营者的安全保护义务主要见于《侵权责任法》和《信息网络传播权保护条例》，保护义务也仅仅为“从通知到删除、屏蔽、断开”的事后止损义务，主要从保护私权角度出发。《网络安全法》加入了很多“事前保障义务”的规定，网络运营者应当全方位承担安全保障义务。例如，《网络安全法》第 25 条规定：“网络运营者应当制定网络安全事件应急预案，及时处置系统漏洞、计算机病毒、网络攻击、网络侵入等安全风险；在发生危害网络安全的事件时，立即启动应急预案，采取相应的补救措施，并按照规定向有关主管部门报告。”

而对于公共通信和信息服务、能源、交通、水利、金融、公共服务、电子政务等重要行业和领域等，此类数据如果因各种原因被泄露，其危害将不限于对个人隐私等可能造成的伤害，更可能造成各类连锁反应甚至危害国家安全。因此，《网络安全法》将支撑上述重要行业和领域等的信息系统或工业控制系统界定为关键信息基础设施，并要求关键信息基础设施的运营者承担更明确的数据安全保护义务。例如，要求关键信息基础设施的运营者在境内存储个人信息和重要数据；确需在境外存储或者向境外提供的，应当按照规定进行安全评估等。

其次，在民事责任层面，根据《侵权责任法》《最高人民法院关于审理利用信息网络侵害人身权益民事纠纷案件适用法律若干问题的规定》等，如果信息泄露属实，数据持有者应当承担相应的信息安全保障义务，如果没有保障好，导致客户的权利受到侵害的，应该承担侵权责任。

不过，实践中，尽管数据泄露、黑客入侵等现象日益频繁，但尚没有出现对责任主体提起民事侵权诉讼的案例。在上文所述的案例中，都没有出现个人对数据运营者发起侵权诉讼的情况。对这些人来说，要证明自己权利受损和被数据侵权之间的因果关系是一大难点。

面对蓬勃发展的数据黑产和缺乏能力的数据持有者，在中国，刑事打击仍走在第一线，呈现单打独斗的态势。其局限性之一是，依据罪刑法定的要求，执法机关对于不构成“情节严重”的犯罪行为往往打击困难，而企业出于合法经营目的进行的非法交易，又难以被发现和取证。

一位执法者坦言，没有行政处罚的前置性程序，从民事责任直接到刑事责任，跨度较大，有待形成执法合力。而刑罚先行、行政和民事事前规定、救济缺乏也让从业者胆寒——黑白界限的不明确以及清晰的数据交易、流转制度尚未完全建立起来，很多商业模式又可能被纳入刑法的规制范围，“要不然不管，要不然就抓起来”。

不过，值得庆幸的是，在这场没有硝烟的战争中，黑与白之间的界限正清晰起来，而随着立法的明确和各界的重视，“道”与“魔”之间的空隙正在缩窄。尽管要抹除已经泄露的数据和数据黑市仍十分困难，但其获取更“新鲜”、更动态的数据难度和成本已经十分之高。笔者的观察是，许多数据来源暧昧而模糊不清的科技公司已随着相关产业的萎缩退出市场，尽管对“黑数据”的需求仍然存在，但获取成本已经非常高昂。

对企业而言，数据安全和合规的能力正变得越来越重要，否则监管的“达摩克利斯之剑”随时可能落下。

（本文事实部分来自《财经》杂志等公开报道和相关司法材料）

第二章

你在看的，它都知道：中国 cookie 隐私第一案

□ 宁宣凤 | 金杜律师事务所高级合伙人、合规团队负责人
□ 吴　涵 | 金杜律师事务所合伙人

大数据时代下，新技术伴随着新需求喷涌而出，不断催生着新兴商业模式，成就了一个又一个现象级的科技和网络巨头企业。不过，科技的进步并未突破经济学原理，新技术的意义和价值，最终仍体现为经济效率的显著提升；在“流量为王”的时代，面对海量网络用户的来来往往，如何提升营销效率、通过更低的成本精确识别用户群体、培养并创造需求，成为平台门户、流量入口和其他各类企业的统一需求。

为此，消费者行为追踪与分析技术应运而生，通过对消费者既往行为的追踪、汇集与分析，依靠技术手段对消费者需求进行合理推测，最终体现为精准营销、定向投递广告等推广手段。对于各类企业而言，相较于传统广告手段的“一视同仁”，消费者行为追踪与分析技术使得互联网营销变得“看菜吃饭、量体裁衣”：同样营销成本的付出，由于受众群

体几乎全都属于产品/服务的潜在兴趣方，转化率得到了显著提升。而对于消费者，网络带来的海量信息同时导致了信息拥堵和“选择恐惧症”，企业通过行为追踪与分析推测出消费者的偏好并进行定制化的推荐，节省了消费者信息筛选的成本，大大提升了网络使用的效率。但是，消费者在享受便利的同时，也需要付出相应的代价，即将自身的网络行为暴露于企业的视野下。消费者披着以技术为名的“皇帝的新衣”，敞亮地向大家展示自己在网络上的一举一动。

为了提升营销效率，通过消费者行为追踪与分析技术，网站运营者等企业可以更加准确地定位目标群体，并针对性地推介产品和服务，而 cookie 技术正是消费者行为追踪与分析技术中最为重要的一种。网站运营者可以在用户浏览或访问网站时，从服务器端向用户的本地设备（如电脑、手机等）安装和存储一系列的小型文本文件，通常包含标识符、站点名称、号码和字符。网站运营者通过 cookie，能记录并获取用户的访问信息，如用户的身份识别号码、密码，用户访问该站点的次数和时间，以及用户浏览页面的记录等，进而追踪用户的网络行为，实现统计网站访客数量、精准营销以及记录用户喜好、操作等功能。

显然，cookie 技术的应用对于急需拓展用户、挖掘需求的企业而言无疑是一个宝藏，对于消费者而言一定程度上虽然也带来了便利，但同时也伴随着网络行踪等可能较为私密信息的暴露。为此，cookie 技术自其诞生和大规模应用以来，就伴随着持续不断的争议和质疑。

在中国 cookie 隐私第一案——北京百度网讯科技公司与朱烨隐私权纠纷案中，cookie 技术的应用及 cookie 文件的属性等问题，也构成了双方争议的核心关注点，在中国引发了各界广泛的讨论和关注。

一、被“老大哥”注视着的朱烨

朱烨只是互联网大潮中的一名普通网民，但她在上网过程中发现，不管她使用的是家中的电脑还是使用单位的电脑，只要她使用百度搜索相关关键词后，再访问某些网站时就会出现与该关键词有关的广告。这一发现让朱烨不禁怀疑，百度究竟是使用了什么样的网络技术，竟然像“老大哥”（Big Brother）一样，能够从一个网站到另一个网站，不断地“注视”着自己并推送广告；现在推送的是广告，万一以后开始暴露自己一些更加私密的兴趣爱好和生活、学习、工作相关的特点怎么办。

为了验证自己的怀疑，朱烨甚至寻求了公证员的帮助。2013 年 4 月 17 日，在公证员在场情况下，朱烨通过百度搜索“减肥”，然后再在地址栏输入“www. 4816. com”并进入该网站，这时网页顶部赫然出现了一个“减肥瘦身、左旋咖啡”的广告，网页右面则有一个“增高必看”的广告，点击“增高必看”广告左下面的“掌印”标识，会出现网址为 http：//wangmeng. baidu. com 的网页，它正是“百度网盟推广官方网站”。同样，当朱烨在4816主页的地址栏中输入“www.paolove.com”，点击后进入泡爱网时，也发现该网站网页的两边会出现“减肥必看”“左旋咖啡轻松甩脂”的广告。随后，朱烨多次删除浏览的历史记录，更换了“人工流产”“隆胸”等关键词，再次访问4816和泡爱网等网站时，毫无意外地均出现了与关键词密切相关的广告。

公证员可能也未预料到互联网技术对于人们行为的监控与追踪已经发展到了如此境地，但在亲眼见证全过程后依据事实情况向朱烨出具了公证书。

拿到公证书的朱烨有了足够的底气，2013年5月6日她将百度告上法庭，控诉百度利用网络技术，未经其知情和选择，记录和跟踪了其所搜索的关键词，将其兴趣爱好和生活、学习、工作特点等显露在相关网站上，并利用记录的关键词，对其浏览的网页进行广告投放，侵害了其隐私权，使其感到恐惧，精神高度紧张，影响了其正常的工作和生活，要求法院判令百度立即停止侵权行为，赔偿其精神损害抚慰金10000元，并承担公证费1000元。

二、一审：个人权利“先下一城”

值得一提的是，朱烨案的发生时间为2013年（终审判决于2015年作出），当时中国尚缺乏足够坚实的个人隐私和信息保护法律基础，能供法院作为判决依据、参考的法律文件仅包括：《全国人民代表大会常务委员会关于加强网络信息保护的决定》（以下简称《人大决定》）、《最高人民法院关于审理利用信息网络侵害人身权益民事纠纷案件适用法律若干问题的规定》（以下简称《最高法规定》）、《电信和互联网用户个人信息保护规定》（以下简称《电信规章》）、《信息安全技术公共及商用服务信息系统个人信息保护指南》（以下简称《个人信息保护指南》）等。

这些文件中，《人大决定》虽然效力层级高，但其中的条款规定、要求过于原则和概括，导致对于实际行为认定和定性过程的指导性十分有限；《最高法规定》则主要着眼于网络侵权，其中涉及个人隐私和个人信息的主要行为为“利用网络公开”，与使用 cookie 技术进行消费者追踪的关联度不高；《电信规章》本身作为工信部发布的部门规章，并不能直接作为司法裁判的依据，虽然其中对于用户个人信息保护进行了专门规定，但无法为法院审判提供除借鉴思路以外的其他帮助；而《个人信息保护指南》属于国家指导性标准，仅供使用者参考，既无强制性的法律效力，也无法为司法裁判提供明确的审判依据来源。这一背景也为朱烨案审判结果的大反转提供了空间，正是法律基础的薄弱给了法官充足的分析和论证空间，同样本案审判过程中进行的讨论也为后来的立法、执法和司法提供了宝贵的指引。

在这样的背景下，一审法院或是出于理论储备丰富程度的考虑，回避了 cookie 信息是否属于个人信息的判断问题，而是将主要的论证精力和分析均集中在隐私权及侵权行为的分析上，认为个人隐私除了用户个人信息外还包含私人活动、私有领域；而朱烨进行搜索的几个特定关键词构成了其在互联网空间留下的私人的活动轨迹，展示了其个人上网过程中的偏好，一定程度上标识出朱烨个人的基本情况及个人私生活情况，因而属于个人隐私的范围。同时，法院也恪守了“技术中立”原则，指出 cookie 技术本身并不侵权，但百度收集、利用他人隐私进行商业活动的行为并非 cookie 技术的必然结果。法院进一步指出，侵犯隐私权的行为表现形式并非仅限于“公开、宣扬他人隐私”，也应当包含未经同意情况下的“收集、利用他人信息”等其他对个人隐私权造成损害的情形。在此前提下，一审法院认为百度毫无疑问侵犯了朱烨的隐私权。

虽然一审法院强势地站在个人隐私权一方，但在判决之中却仍然不可避免地暴露出裁判依据匮乏、理论储备欠缺情形下判决理由的羸弱。例如，就 cookie 信息的定性而言，一审法院将 cookie 信息定性为个人隐私，这一判断就可能存在不妥之处。一般而言，无论是个人信息还是个人隐私，前提在于应当与特定个人身份相关，一张无法辨认身份的照片不属于个人信息，也不可能属于个人隐私。在本案中，百度通过对 cookie 信息的收集，即便结合其他信息，能否准确识别到朱烨这样的单个用户尚且不论，识别的成本也可能过高而使得企业无法承受。

换言之，在大数据时代下，碎片化的信息通过一定程度的积累均可能对个体产生识别性，因此匿名就成为一个程度问题：技术上，大部分信息都可能在极端情况下识别至个体，不考虑成本地拓展对个人的识别性，可能产生信息识别效果的泛化，导致企业承受不合理的法律负担。此外，朱烨发现百度使用 cookie 技术进行用户追踪的场景也包括了单位电脑的使用场景，类似单位电脑这样的公用场景下，cookie 信息对朱烨的识别性可能更低，即便 cookie 信息描绘出了当前浏览器曾经使用者的偏好，这一偏好和朱烨的对应性也很难达到定位个人的程度。为此，一审法院虽论证了 cookie 信息中的“隐私属性”，却未能充分论证本案中 cookie 信息的“个人识别性”，进而产生这些 cookie 信息虽然描述出某人的隐私特征，却无法判断该信息究竟是属于张三的、李四的还是朱烨的。这样的情况下就认定 cookie 信息属于个人隐私，可能造成过于宽泛的个人隐私范围划定。

三、二审：商业利益“反败为胜”

二审法院在进行法律分析与论证前，对于 cookie 技术特征和百度个性化推荐服务的技术原理进行了更为细致的梳理。

（1）cookie 技术主要是用于服务器与浏览器之间的信息交互，使用 cookie 技术可以支持服务器端在浏览器端存储和检索信息。当浏览器访问服务器时，服务器在向浏览器返回 HTTP 对象的同时会发送一条状态信息保存到浏览器，这个状态信息被称为 cookie 信息，主要说明哪些范围的 URL（链接）是有效的。此后，浏览器再向服务器发送请求时，都会将 cookie 信息一并发送给服务器。服务器据此可以识别独立的浏览器，以维护服务器与浏览器之间处于会话中的状态，如判定该浏览器是否已经登录过网站，是否在下一次登录网站时保留用户信息简化登录手续等。当网络用户电脑中有多个不同内核浏览器时，就会被服务器识别为多个独立访客；当多个网络用户在同一电脑上使用同一个浏览器时，则会被识别为一个独立访客。

（2）百度个性化推荐服务的技术原理是，当网络用户利用浏览器访问百度网站时，百度网站服务器就会自动发送一个 cookie 信息存储于网络用户浏览器。通过建立 cookie 联系后，百度网站服务器端对浏览器浏览的网页内容通过技术分析后，推算出浏览器一方可能的个性需求，再基于此种预测向浏览器的不特定使用人提供个性化推荐服务。

在对 cookie 技术和百度个性化推荐服务技术原理有所了解后，二审法院在法律层面的解读与一审法院发生了彻底的反转，进而作出了与一审判决迥异的裁判。

二审法院判决认为，cookie 信息虽具有隐私性质，但不属于个人信息，理由在于"用户通过使用搜索引擎形成的检索关键词记录，虽然反映了网络用户的网络活动轨迹及上网偏好，具有隐私属性，但这种网络活动轨迹及上网偏好一旦与网络用户身份相分离，便无法确定具体的信息归属主体，不再属于个人信息范畴"，因此也就不存在侵犯朱烨隐私权的可能。此外，二审法院还针对一审审判中未予细致分析的个性化推荐服务进行了法律定性，认为“推荐服务只发生在服务器与特定浏览器之间，没有对外公开宣扬特定网络用户的网络活动轨迹及上网偏好”。最终，二审法院驳回了朱烨的全部诉讼请求。

二审法院与一审法院完全相悖的判决及其观点论证引起了极大的争议，在舆论上出现了两极分化：反对者认为二审判决显失公平，完全无视个人信息的重要性，公民基本权利保护落空，且论理上逻辑反复、概念混淆，对于个人隐私和个人信息的边界划分起到了负面作用；赞成者认为判决中对于案情和技术背景的梳理得当，对于商业利用与个人权利之间的法律关系提出了合理且有依据的认定，在合理保护个人信息安全的基础上，有利于互联网产业的发展，为后续的法律制定和司法裁判提供了良好的借鉴。

从相互对立的观点立场之间的分歧来看，确定个人隐私与个人信息之间的关系对于本案裁判的合理性判定、cookie 信息的定性都极为重要。

初看来，个人隐私与个人信息很容易被混为一谈。在美国，其个人信息保护的法律制度就主要基于隐私权保护而搭建。但从个人隐私与个人信息所对应的权益来看，除两者之间存在的相似性以外，在性质、客体等方面存在的差异和界分也是显然的。在《论个人信息权的法律保护——以个人信息权与隐私权的界分为中心》一文中，王利明教授就对个人信息权与隐私权的区别作了以下归纳：

(1) 法律属性有所区别：通常而言，一个人是无法将自己的隐私用于换取财产性利益的，这侧面证明了，隐私权主要是一种精神性的人格权，其财产价值不突出，侵害隐私权主要导致的是精神损害；而相对地，我们在一些场景下，可以通过提供个人信息的方式“换取”相应的产品和服务（如通过登记姓名和手机号换取一些商家促销活动的抽奖机会等），为此，个人信息权作为一种综合性权利，兼具了人格利益与财产利益。

(2) 所保护的客体不同，即个人隐私与个人信息的区别。

(3) 具体的权利含义不同：隐私权的内容主要包括维护个人的私生活安宁、个人私密不被公开等，个人信息权主要是指对个人信息的支配和自主决定。

(4) 各自得以保护的方式存在差异：隐私权相对而言更为消极，具有防御性，即隐私权通常是以事后救济的方式得以保护，采用精神损害赔偿的方式加以弥补，而个人信息权则是一种主动性的权利，不仅可以通过事后救济，还可以通过事前同意、权利的主动行使等方式得以实现。举例而言，当一个人受到窥视时，他能够选择的救济方式除了在事后要求赔偿和道歉以外，很难以事前拒绝其他人偷窥的方式主动行使权利，因为隐私权来源于人格权，其本身就带有默认拒绝受到其他人侵扰的含义，所以在行使权利时就显得更具防御性。

从个人隐私与个人信息的范围上看，两者之间既有交集，也存在各自独立的部分。一方面，如前所述，权益内涵和权利边界上的不同决定了隐私权大于个人信息权：除包括属于个人隐私的个人信息应当得到尊重和保护以外，还包括个人居住的安宁与私人生活的免受打扰。这一点在本案一审判决中也被明确提及，一审判决也认定了朱烨的搜索活动具有隐私属性。不过，一审法院的论证过程并没有明确分析并得出关于“搜索关键词等 cookie 信息是否为个人信息”的结论，因此分析方向虽然合理，但最终的结论却仅限于浅尝辄止，未能在理论上有所推进和澄清。另一方面，从广义角度（即包含直接识别和间接识别）来看，个人信息的范围毫无疑问大于个人隐私：个人隐私由于前提在于与特定个人具有关联性，因此将毫无疑问地构成个人信息，但除此以外，个人信息还包括可公开、可利用的个人信息，这些个人信息很可能不具有隐私属性而不属于个人隐私。但如前所述，无论是个人信息还是隐私信息，其前提都应当是具有身份可识别性。脱离了特定个人，这些信息就再也不是个人信息，更不是个人隐私。这也就产生了本案二审判决中最大的一个逻辑矛盾所在，即认可搜索关键词具有隐私属性的前提下，法官又认为关键词不属于个人信息，着实让人有一些费解。

就本案中所关注的 cookie 信息而言，“本案中所涉及的 cookie 信息是否属于个人隐私”这一问题可能难以从理论上得到肯定的结论。如前所述，虽然一审判决中论证了 cookie

信息一定程度上带有隐私属性，但个人隐私最终仍然应当与特定个人具有足够强的关联性，而 cookie 信息对个人的直接识别性很可能不够强，因此从隐私权的角度来看，隐私权更多强调的是私人生活的不受干扰，cookie 信息与个人相对较弱的关联度使得其对私人生活产生负面影响的可能性相较于其他具有直接识别性的信息类型而言要低。

不过，相对应地，在立法实践中，各国都对 cookie 信息属于个人信息采取了肯定性的积极回应。无论是严格保护 cookie 信息的欧盟，还是倡导自律、态度相对宽松的美国，均认为对个人具有识别性的 cookie 信息属于个人信息的范畴。2012 年 12 月，美国联邦贸易委员会（FTC）发布命令，要求多个信息服务提供商提供如何收集和使用消费者信息的报告时，在附录中将“一项持续的识别符，如 cookie 用户编号或者处理器序列号”，与姓名、地址、邮件地址并列为个人信息。随后联邦贸易委员会在 2013 年依照《儿童网络隐私保护法》授权颁布的《儿童网络隐私保护规则》第 312. 2 条“定义”第 7 项列举了可识别个人身份的信息，包括通过一段时间或者通过不同网站和在线服务，可以被用来识别个人的一种持续识别符。这种持续识别符包括但不限于：cookie 用户编号、IP 地址、处理器或者设备的序列号、唯一标识符。

因此，就 cookie 信息的定位、个人隐私与个人信息的关系，可以用下图来大致体现：

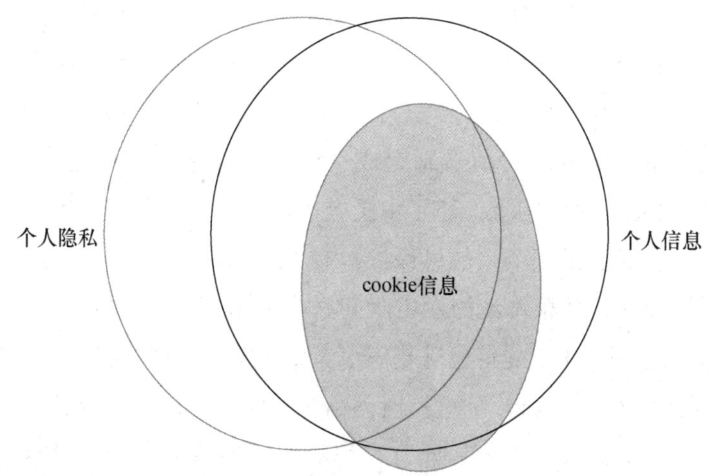

总结而言，抛开朱烨案中不同法院观点和立场的对错，就一审法院和二审法院各自的论理过程和依据充分性来看，确实各自存在着不同的缺陷和不足，但也同时存在着各自的闪光之处，如一审法院对于 cookie 信息隐私属性的认定、二审法院对于 cookie 技术原理的梳理和认定，均为未来与 cookie 相关的司法实践提供了宝贵的经验，一定程度上也给后续的个人信息相关立法提供了基础。

四、cookie 技术何去何从

2017 年 6 月 1 日，在朱烨案终审判决作出两年后，《网络安全法》正式生效，大大加快了中国个人信息保护相关的部门规章、司法解释、国家标准的出台与施行速度。目前有多个部门规章和国家标准已生效或正在广泛征求公众意见，从网络安全等级保护、关键信息基础设施保护、网络产品和服务安全审查、个人信息保护、数据本地化存储与跨境安全评估、网络安全事件应急等各个方面对网络安全和数据合规进行全面规制。在尚未制定成文的个人信息保护法出台前，《网络安全法》初步构建了中国个人信息保护原则与体系，从法律层面提供了个人信息保护的有力依据。

为此，如果本案的发生时间并非 2013 年而是现在，司法裁判的确定性无疑将显著提升，想必朱烨胜诉的喜悦也不会那么快被终审败诉而淹没。《网络安全法》明确了个人信息的定义，即以电子或者其他方式记录的能够单独或者与其他信息结合识别自然人个人身份的各种信息，包括但不限于自然人的姓名、出生日期、身份证件号码、个人生物识别信息、住址、电话号码等。在此定义下，中国法律体系对个人信息的范围采用了直接识别说和间接识别说结合的形式，这使得“大部分 cookie 信息属于个人信息”已与世界其他主要司法辖区的立法和执法实践基本达成共识，在《网络安全法》体系下出台的国家标准《信息安全技术 个人信息安全规范》(GB/T 35273—2017) 也在“附录 A (资料性附录) 个人信息示例”中明确列举了个人上网记录 (cookie 信息应属于个人上网记录中的一种) 为个人信息。因此，如相关企业行为违反个人信息保护原则与体系，毫无疑问应依法承担相应的法律责任。

不过，即便在《网络安全法》初步构建起中国个人信息保护原则与体系后，仍然存在着诸多难以统一回答的问题，如如何避免个人信息定义的泛化和边界的过度扩展等。

以 cookie 为例，经过多年的技术发展，cookie 技术本身已经产生了诸多分支。按照技术特点、用途和功能等维度，cookie 可以分为不同种类。例如，按照存储时间的长短可将 cookie 分为会话 cookie 和持久 cookie，其中会话 cookie 只在浏览器上保存一段规定的时间，一旦超过该时间就会被系统清除，而持久 cookie 则保存在用户本地硬盘的 cookie 文件中，下一次用户返回时，仍然可以对它进行调用。而按照实现功能和目的的不同，可将 cookie 分为安全 cookie 和跟踪 cookie，其中安全 cookie 通常用于实现网站用户登录和访问的安全验证目的，而跟踪 cookie 则用以记录并追踪用户的网页浏览记录，由此推测用户的喜好并推送相关广告。此外，按照网站主体的不同还可以将 cookie 分为第一方 cookie 和第三方 cookie，其中第一方 cookie 是由用户访问或与其发生交互的网站的服务器放置在用户终端设备的 cookie，而第三方 cookie 则是由与用户访问的网站相关的其他第三方放置在用户终端设备上的 cookie。

不难看出，cookie 种类的差异导致其功能和适用场景、收集的信息、与其他信息的关联性等方面均可能有所不同。因此，不同种类的 cookie 可能对自然人个体隐私造成不同的影响，对特定个体的识别性（含直接和间接）也相应地有所不同。所以，即便 cookie 信息对于个人具有识别性从而属于个人信息，但具体情况中对 cookie 信息的定性以及其对个人信息保护的影响，仍然需要根据具体的 cookie 技术种类和适用场景、功能、收集的信息内容以及与个人、其他信息之间的关联性等因素来综合判断，以避免过度拓展了个人信息的范围，给企业带来过于严重的合规负担。

更进一步而言，如若过度夸大间接识别的可能性，则所有与个人相关的信息在结合一定数量的其他信息后，均可能对特定个体产生足够强的识别性，这样无限制地“碎片拼合”既未反映企业的实际商业实践，也不利于平衡个人权利保护和商业模式发展，将可能带来更为高昂的社会成本。

关于 cookie 技术和信息使用的规则，不同法域也存在着极大的差异。

作为数据保护领域的先驱与标杆，欧盟早在多年前就从保护在线隐私的角度出发，针对 cookie 进行专门立法，并随着对数据保护和 cookie 的认识不断加深，不断完善和补充其规则体系。在欧盟法律体系下，cookie 由于具有特定个人识别性，被多部立法明确规定为个人数据，受到相应保护。1997 年，欧盟针对电信领域出台了《电信行业数据保护指令》(Directive 97/66/EC)，并于 2002 年通过《电子隐私法令》(e-Privacy Directive) 将适用范围扩展至覆盖互联网上的数据传输，规定用户的电子通信终端设备上存储的任何信息均属于用户的隐私信息，应受到欧盟相关法律的保护。

跟随《电子隐私法令》的修改，欧盟关于 cookie 的同意规则经历了从 2002 年“选择退出”（opt-out）到 2009 年“选择加入”（opt-in）的变化。2002 年版的《电子隐私法令》中仅要求告知用户并提供选择退出的方式，即可正常使用 cookie 技术；而 2009 年修订后，《电子隐私法令》的要求发生变化，使用 cookie 技术不再能基于默认同意，而是需要以选择加入，即用户主动选择方式提供授权同意。而随着欧盟《通用数据保护条例》（GDPR）的实施，企业也面临更高的合规要求。例如，针对 cookie 的同意标准被提高：在 GDPR 体系下，数据主体的同意必须是（1）自由作出的；（2）具体的；（3）在充分告知的基础上作出的；以及是（4）数据主体不含糊的意思表示。为此，针对 cookie 的同意可能会被要求为数据主体明确的肯定性确认行为，这意味着一些现有的做法如仅展示标语、声明继续使用网站就构成同意等可能将难以满足 GDPR 的要求。

相较而言，美国针对 cookie 的使用规则更显“宽松”。自 2011 年起，美国尝试出台多项法案，但由于难以在建立标准和可行的立法方面达成一致，均以撤回或失败告终。其中，为了保护网上用户的隐私，让用户有权选择不被第三方网站跟踪，美国曾试图引入“请勿追踪”（Do Not Track）立法，但是，目前多数网站均选择了无视“请勿追踪”请求，因此联邦贸易委员会意图推动的“请勿追踪计划”也成了一纸空文。

总体而言，美国对于 cookie 的使用采用了选择退出机制，整体立法更侧重于从保护用户权益不受损害的角度通过侵权等方面的法律进行管理。

这种立法思路和态度上的差异反映出对 cookie 技术的认识差异，也引发 Facebook 在比利时 cookie 案上的败诉。

2015 年，当时比利时隐私保护委员会（Belgian Commission for the Protection of Privacy，CPP）委托比利时鲁汶大学的研究人员就 Facebook 收集和使用 cookie 数据的行为进行调研，调研结果表明 Facebook 未经数据主体的明示同意收集并使用 cookie 数据的行为违反了比利时《隐私法案》。比利时隐私保护委员会在 2015 年 5 月 13 日和 2017 年 4 月 12 日分别向 Facebook 提出了前后两份建议书，并提出整改建议。在建议书中，比利时隐私保护委员会主要关注两个方面的问题：（1）Facebook 未就收集和使用 cookie 数据获得数据主体的充分知情同意；（2）Facebook 在社交插件的场景下设置、使用某些类型的 cookie 并收集相关 cookie 数据不具有必要性。

然而，Facebook 的整改始终未能让比利时隐私保护委员会满意。比利时隐私保护委员会据此将 Facebook 告上法庭，此案之后又历经上诉和再审，最后于 2018 年以 Facebook 败诉告终。2018 年 2 月 16 日，比利时法院判决责令 Facebook 停止收集用户的 cookie 数据，并将已非法收集的所有比利时用户数据删除，否则将对 Facebook 处以每日 25 万欧元的罚款。

虽然我们无法将 Facebook 在比利时 cookie 案上的败诉归结于美欧两地之间不同的 cookie 使用规则和立法选择，但不可否认的是，类似 Facebook 一般具有全球性商业存在的跨国企业，在面临不同法域对于 cookie 技术的不同态度和各自使用规则时，无疑需要对自身的商业实践作出极大的调整，以适应当地法律的相关要求。

因此，虽然 cookie 信息与个人密切相关，cookie 技术的使用也毫无疑问地将对个人权利造成影响，但不同法域的不同立法态度对企业使用 cookie 技术和信息时需要符合的法律要求产生了差异性和不确定性。为此，企业自然应当更为谨慎地判断 cookie 使用过程中应适用的规则。

从上述案件的裁判思路、各方的争议和理论上的繁杂来看，对于大数据时代的企业，cookie 技术以及类似的消费者行为追踪和分析技术的应用必不可少，同时 cookie 技术的应用带来的困惑和迷思也同样影响巨大。虽然不同种类的 cookie 技术以及所收集的信息在个人识别性上有所差异，但从欧美长期的实践经验和中国逐步完善立法过程中取得的共识来看，“cookie 信息属于个人信息”的结论已初见端倪。

为此，虽然 cookie 信息中属于个人隐私的部分难以得到明确而统一的结论，但由于 cookie 信息或直接或间接地对于特定个人具有识别性，企业在使用 cookie 技术、收集 cookie 信息时，理应谨慎地遵循适用个人信息保护法律的规定，履行相应的强制性义务，合理管控个人信息合规层面的法律风险。

此外，cookie 技术作为消费者行为追踪和分析技术中目前最为常用且成熟的一种，即便在经过多年的应用和讨论之后仍然是隐私和数据保护法律领域的难点，时下正逐步完善并推广的网络信标、图像像素等其他类似设备识别技术，想必也同样将给个人隐私和个人数据保护的法律实践带来艰巨的挑战。

如何在技术高速发展的今天，保持技术对于个人隐私和信息保护的透明度，让公众了解技术实现的基本原理，以及可能对于个人隐私造成的影响，将是我们脱下“皇帝的新衣”的第一步。

第三章

互联网，请忘掉我吧

□ 何　渊

在《删除》(*Delete*：*The Virtue of Forgetting in the Digital Age*) 一书中，最早洞见大数据时代发展趋势的数据科学家之一的维克托·迈尔-舍恩伯格（Viktor Mayer-Schönberger）曾讲过一个"喝醉的海盗"的故事：

史黛西·施奈德（Stacy Snyder）最大的梦想是成为一名教师，为此她修满了所有的学分，通过了所有的考试，完成了所有的实习训练，各方面成绩都非常优异，但最终她的梦想破碎了，她所实习的大学拒绝录用她，原因竟然是一张网上的照片。在这张照片中，史黛西头戴一顶海盗帽，举着酒杯轻轻啜饮着。史黛西曾将这张照片放在Myspace的个人网页上，并取名为"喝醉的海盗"。拍这张照片，她也许只是为了搞怪而已，她也仅仅分享给了自己的朋友。然而，在史黛西实习的那所大学里，一位过度热心的教师在网上无意中发现了这张照片，并上报给了校方，校方认为这张照片是不符合教师这个职业的，因为学生可能会看到教师喝酒的照片而受到不良影响。于是，史黛西将这张照片从个人网页上删除，但却于事无补，她的个人网页已经被搜索引擎编录了，她的照片也已经被网络爬虫程序存档了。互联网记住了史黛西想要忘记的东西。

尽管一张网上照片并不能说明一名未来教师的不称职或不专业，史黛西也早已到了允许喝酒的法定年龄，但正是这样一张照片，使史黛西失去了心仪的教师工作机会。毫无疑问，对于史黛西来说，遗忘是一件极其重要却又难以实现的事情。

一、冈萨雷斯案："被遗忘权"第一案

对人类而言，时间是最好的疗伤剂，遗忘是常态，记忆才是例外。但随着大数据时代的到来和人工智能的发展，上面这种平衡被打破了。如今，我们不仅成为"透明人"，而且还成为"不会忘记的人"，往事像炫目的刺青一样永远刻在我们的数字皮肤上，洗也洗不掉！这是一个几乎失去遗忘动机的世界，我们将进入一个由于无法遗忘、无法删除而永远不会被宽恕的未来世界。正如舍恩伯格所说的那样，在信息权与时间的交会处，永远的记忆创造了空间和时间圆形监狱的"幽灵"。完整的数字化记忆摧毁了历史，损害了我们的判断和及时行动的能力。我们将用过去的错误惩罚我们的未来。正是在这种背景之下，"互联网遗忘运动"在欧美悄然兴起，"被遗忘权"也开始登上历史舞台。这里不得不说的是"被遗

忘权”第一案，即冈萨雷斯案。

1998年，西班牙报纸《先锋报》（La Vanguardia）的网站刊登了西班牙公民冈萨雷斯（Mario Costeja González）因无力偿还社保债务而遭拍卖物业的公告。后来，该网页被网络爬虫程序存档了，并被搜索引擎编录。冈萨雷斯发现，只要在谷歌这一搜索引擎中输入他的名字，就会出现指向《先锋报》的两个网页。冈萨雷斯认为，在债务偿还后，这些信息已经过时，不再具有相关性，并无实际价值，希望能够删除这些具有误导性的负面信息。

于是，冈萨雷斯在2010年2月向西班牙数据保护局（AEPD）提出对《先锋报》、谷歌公司及谷歌西班牙的申诉。西班牙数据保护局于2010年7月30日作出决定：一方面驳回了冈萨雷斯对《先锋报》的申诉，认为《先锋报》的公告行为是依据劳动和社会事务部的行政命令而作出的，是合法的；另一方面却支持了冈萨雷斯对谷歌公司的申诉，要求谷歌公司采取必要措施从其搜索结果中删除相关数据并确保今后不再获得该类数据。

谷歌公司不服，诉至西班牙高等法院，要求撤销西班牙数据保护局的决定。西班牙高等法院认为，如果个人数据在第三方网站已被公布，而数据主体并不希望被第三方获取的话，搜索服务提供商应当承担怎样的保护个人数据的法律义务，取决于对《1995年10月24日欧洲议会与欧盟理事会关于在处理个人数据方面对个人的保护与此类数据的自由流动的第 95/46/EC 号指令》（以下简称《数据保护指令》）在互联网和搜索服务背景下的理解适用。为此，西班牙高等法院决定中止案件的审理，请求欧洲法院对法律适用作出裁决。

2014 年 5 月 13 日，欧洲法院作出了裁决，确认上述指令适用于互联网搜索引擎提供商，作为“数据控制者”的搜索引擎提供商负有删除“不充分的、无关的或不再相关的、超出数据处理目的的”（inadequate, irrelevant or no longer relevant, or excessive in relation to the purposes of the processing）个人数据的法定义务，否则将侵犯作为“数据主体”的公民的“被遗忘权”（right to be forgotten），但同时指明网络出版商（如《先锋报》）可以援引言论自由条款免除此种法定义务。由此，公民的被遗忘权在世界上首次得到司法的正式确认。

二、GDPR 中对“被遗忘权”的适用

冈萨雷斯案颠覆了人们长期以来持有的关于个人数据的开放观念，引起了国际社会对于数据隐私保护与言论自由权、数据自由流通之间关系的广泛讨论。根据谷歌公司公布的《透明度报告》，到 2017 年为止谷歌公司共收到全球超过 68.2 万人次的删除个人数据申请，绝大多数申请人是欧盟国家公民。而根据美国广播公司（ABC）的一项调查统计，因为“被遗忘权”与美国《宪法》第一修正案的“表达自由”条款可能存在的价值冲突，美国有 56% 的人反对“被遗忘

权”，9%的人对“被遗忘权”持保留意见。欧盟与美国对于被遗忘权持有截然不同的态度，这与两地的法律文化和历史传统的巨大差异息息相关，欧盟更注重的是“人的尊严”，而美国更强调的是“人的自由”。

但出乎意料的是，这种国家间的价值冲突并没有阻碍被遗忘权在欧盟的成文法化进程。根据高富平教授等人的研究，被遗忘权最早可溯源至《欧洲人权公约》第 8 条的“隐私权及个人数据”条款；作为被遗忘权前身的“删除权”，最初被规定在欧洲委员会 1981 年发布的《个人数据自动处理中的个人保护公约》中；欧盟于 1995 年颁布的《数据保护指令》第 12 条对删除权作了进一步规定；欧盟于 2016 年通过的《通用数据保护条例》（GDPR）首次在立法层面明确规定了数据主体的被遗忘权，其中第 17 条“删除权（被遗忘权）”条款对这项权利的实施条件和范围作了具体明确的规定。

GDPR 第 17 条首先明确的是被遗忘权的权利主体和义务主体。权利主体是数据主体，即指拥有已识别或可识别的个人数据的自然人，他们在特定情形下有权要求数据控制者立即删除与其相关的个人数据。义务主体则是数据控制者，即确定个人数据处理的目的和方式的自然人、法人及其他组织，他们除了根据数据主体的请求不得无故延误删除相关个人数据之外，还负有通知正在处理该数据的其他数据控制者的法定义务。

GDPR 第 17 条接着列举的是被遗忘权的适用范围：

第一种情形是“目的不再必要”。即如果数据控制者对所收集或处理的个人数据不再具有“具体的、清晰的和正当的目的”，那么数据主体就有权要求删除。

第二种情形是“数据主体撤销同意且无其他法律依据进行数据处理”。即由于数据主体的撤销行为使得数据控制者对个人数据的处理不再具有“同意”这一合法性基础，而且也没有其他法律依据可遵循以便进行数据处理，那么数据控制者应当删除相关个人数据。

第三种情形是由于数据主体行使拒绝权且数据处理无其他更优法律依据，或者数据主体拒绝为直销（direct marketing）目的而进行的数据处理的，数据控制者有法律义务停止处理数据并立即删除相关个人数据。

第四种情形是“个人数据被非法处理”。例如，数据控制者没有遵循“最小必要范围原则”进行数据处理，或者数据控制者对个人数据的存储时间长于实现数据处理目的所必需的时间，或者数据控制者没有采取适当的技术或组织措施导致数据遭到未经授权或非法处理以及意外的丢失、销毁或破坏，数据主体有权要求数据控制者删除其个人数据。

第五种情形是数据控制者基于遵守欧盟或欧盟成员国的法律规定的强制性义务而删除个人数据。

第六种情形是关于处理儿童个人数据的特殊同意基础，即对于未满 16 周岁的儿童的个人数据，如果未取得儿童监护人的同意或授权，哪怕获得儿童本人的同意，数据控制者也应当立即停止处理并删除相关数据。

事实上，确认被遗忘权的适用规则是非常困难的，正因为此，欧盟 GDPR 第 29 条数据保护工作组（WP29，即欧盟数据保护机构）在冈萨雷斯案后专门公布了指南性文件。根据高富平教授等人的研究，数据控制者在判断是否删除网络链接时应当考虑如下因素：（1）搜索结果是否关联到个人，数据主体是否在公共领域具有重要角色或具有公众形象，以及公众是否具有取得前述数据的权利；（2）数据是否具有正确性及真实性；（3）数据是否具有相关性且不过分；（4）数据是否具有敏感性；（5）原有信息的发布是否具有新闻目的；（6）数据是否导致对数据主体的偏见及负面影响。

而在冈萨雷斯案之后，谷歌公司的态度也非常值得玩味。谷歌公司对被遗忘权的最初回应是，其认为欧盟法律仅适用于欧盟境内的域名及搜索结果中的链接，因此，谷歌公司拒绝删除 google. com 搜索结果中的链接。换句话说，删除的链接结果虽然不会出现在通过 google. fr 进行的搜索中，但它会出现在法国境内通过 google. com 进行的搜索中。欧盟监管机构认为谷歌公司的做法严重违背了法治精神。在欧盟不断施加的压力下，谷歌公司最终于 2017 年 3 月改变了立场。谷歌公司开始通过定位 IP 地址信息和地理位置数据，确保在欧盟境内无法通过 google. com 访问依被遗忘权而被删除的搜索结果。

三、适用被遗忘权的例外

可以肯定的是，被遗忘权并不是绝对权，在与言论自由、公共利益等其他公民权利相冲突时，就存在一个价值判断的问题。事实上，欧盟GDPR第17条对适用被遗忘权的例外作了很好的总结，具体包括如下情形：一是行使言论和信息自由权；二是基于国际法义务或为了公共利益，或者基于行使公权力而进行的数据处理；三是基于公共健康领域的公共利益而进行的数据处理；四是基于公共利益存档目的，科学研究、历史研究目的，或者统计目的而进行的数据处理，并且适用被遗忘权会使上述目的变得不可能实现或被严重损害；五是为提起诉讼或应诉所进行的必要的数据处理。

在日本，刑事犯罪记录就是适用被遗忘权的例外。2015年，日本一名因嫖宿幼女而入刑的男子起诉谷歌公司，主张依据被遗忘权，谷歌公司应删除与他被捕细节相关的搜索结果。初审的埼玉县地方法院支持该男子的主张，要求谷歌公司删除与该男子被捕细节相关的总共49个搜索结果。谷歌公司不服并提起上诉，东京高等法院推翻了地方法院的判决，改判谷歌公司胜诉，理由是删除犯罪记录不符合公共利益。该法院认为，谷歌搜索结果体现的是言论自由，删除搜索结果可被解释为对言论自由的限制。适用被遗忘权应遵循个案分析的原则，必须在个人名誉受损与公共利益之间进行权衡。

无独有偶，在美国加州旧金山，律师道恩·哈塞尔

(Dawn Hassell）指责客户在 Yelp（美国消费点评网站）上对她发表了诽谤言论，并要求 Yelp 将该言论删除。Yelp 拒绝删除，其理由是，依据美国《通信规范法》，互联网公司免于对第三方用户的言论承担平台责任。该法案旨在“促进互联网上信息和思想的自由交流，并鼓励对冒犯性或淫秽材料进行自愿监控”。Yelp 也得到了公民自由团体如美国公民自由联盟（A. C. L. U. ）的支持，后者在作为“法庭之友”（Amicus Curiae ）提交给法庭的意见书中指出，如要求 Yelp 从其网站上删除言论，而不给 Yelp 任何辩解机会，将违背美国宪法所保护的商业言论自由。

美国加州最高法院考虑到对在线言论自由的潜在影响，裁决 Yelp 不需要删除用户发布的负面评论。在多数司法意见中，法官们认为，美国联邦法律并没有规定互联网公司具有监管用户言论的法定义务，是否删除用户的言论是互联网公司的自由裁量权。法官们进一步认为，强制要求删除用户自行生成的帖子“可能会给在线平台带来沉重的负担”，“虽然执行删除帖子的命令很简单，但合规性仍然会干扰并破坏在线平台的可信性”。而持反对意见的少数法官却担心由此产生的社会风险，毕竟“互联网不仅可能会启发人生，而且也可以传播谎言，将诽谤性信息扩大到史无前例的程度”。

四、被遗忘权在中国适用的困境：任甲玉诉百度案

在中国，被遗忘权的命运如何呢？被誉为“中国被遗忘

权第一案"的任甲玉诉百度案提供了一个官方答案。

(一)案情概要

任甲玉系人力资源管理、企事业管理等管理学领域的从业人员，曾于2014年7月1日—2014年11月26日在无锡陶氏生物科技有限公司（陶氏教育集团下属公司）从事教育工作。2015年2月，任甲玉在百度网站上发现"陶氏教育任甲玉""无锡陶氏教育任甲玉"等字样的内容及链接。同年3月，任甲玉曾应聘多家公司，但均由于"陶氏教育任甲玉"和"无锡陶氏教育任甲玉"等负面信息严重影响任甲玉取得公司信任而无法工作。任甲玉为维护权益，到处联系删帖公司，花钱删帖，浪费时间、财力、精力，并且寻找律师维护权益，自费到无锡、北京等地维护权益，不能正常地工作、生活。任甲玉曾多次发邮件给百度公司要求删除相关内容，也多次亲自从山东跑到百度公司处要求删除，但是百度公司没有删除或采取任何停止侵权的措施。

于是，任甲玉于2015年向北京市海淀区法院提起诉讼，要求百度公司立即停止侵犯姓名权、名誉权及被遗忘权的一切行为，并赔礼道歉、消除影响。其中，在百度搜索界面中输入"任甲玉"进行搜索时，搜索结果中不得出现"陶氏任甲玉""陶氏超能学习法""超能急速学习法""超能学习法""陶氏教育任甲玉"和"无锡陶氏教育任甲玉"等六个关键词。

任甲玉诉称，他应当享有被遗忘权，在与陶氏教育不再有任何关系的情况下，前述工作经历不应当在网络上广为传播，应当被网络用户所“遗忘”。不良的搜索结果会影响他的就业、工作交流、日常生活，公众会误解他与陶氏教育还有合作。陶氏教育在行业内口碑不好，经常有学生退钱，如果有学生搜索“任甲玉”的名字，看到搜索结果后会对他产生误解。不排除一些客户通过百度搜索后，看到关键词就不再点开看了，直接误解他还在陶氏教育工作。

百度公司则辩称：一是百度公司只是把任甲玉在陶氏教育曾经就业这个客观信息反映在互联网上，依据机器算法将涉案的关键词自动显示，未作任何人为的调整和干预，具有技术中立性和正当合理性。百度搜索引擎除提供传统的“关键词搜索”功能外，还提供“关键词相关搜索”功能。如“任甲玉”的“关键词相关搜索”就反映的是搜索引擎自动统计一段时间内互联网上所有网民输入的有关“任甲玉”的频率，但随着所有网民输入“任甲玉”相关内容和频率的变化，相关搜索中的关键词也会自动进行更新。

二是任甲玉主张的被遗忘权在我国没有明确的法律依据，不能成立。被遗忘权主要指的是一些人生污点，本案并不适用。任甲玉并没有举证陶氏教育的负面影响有多大，社会评价有多低，对任甲玉的客观影响在哪里。针对本案的关键词，本身不具有独立的表达，如“陶氏任甲玉”，想要知道具体内容一定要点开链接看，不能说显示这个关键词，就认为任甲玉现在在陶氏教育工作。

（二）裁判要旨

这里，我们可以先比较一下一审和二审判决书的裁判要旨：

首先，两审判决书都强调了“被遗忘权”是舶来品，也承认我国现行法律尚无相关规定。例如，一审法院认为，“我国现行法中并无法定称谓为‘被遗忘权’的权利类型，‘被遗忘权’只是在国外有关法律及判例中有所涉及，但其不能成为我国此类权利保护的法律渊源”；二审法院同样认为，“‘被遗忘权’是欧盟法院通过判决正式确立的概念，虽然我国学术界对被遗忘权的本土化问题进行过探讨，但我国现行法律中并无对‘被遗忘权’的法律规定，亦无‘被遗忘权’的权利类型”。

其次，两审判决书都进一步从一般人格权角度定义“被遗忘权”，要求任甲玉证明人格利益的正当性和保护必要性。例如，二审法院认为，“任甲玉依据一般人格权主张其被遗忘权应属一种人格利益，该人格利益若想获得保护，任甲玉必须证明其在本案中的正当性和应予保护的必要性”；而一审法院则先从侵权责任法入手，认为“民事权益的侵权责任保护应当以任甲玉对诉讼标的享有合法的民事权利或权益为前提”，然后将“人格利益”分为“已经类型化的法定权利中所指向的人格利益”和“未被类型化但应受法律保护的正当法益”两类，并最终认为，“被遗忘权”不能被涵盖到既有类型化权利之中，必须证明“具有利益的正当性及保护的必要性”。

（三）一审的思路

一审法院认为，本案的争议焦点是对“相关搜索”技术模式及其服务模式正当性的法律评价问题，具体包括：其一是事实查明问题，即百度公司“相关搜索”服务显示的涉及任甲玉的关键词是否受到了人为干预；其二是法律评价问题，即百度公司“相关搜索”技术模式及其服务模式提供的搜索服务是否构成对任甲玉的被遗忘权的侵犯。

1. 涉诉“相关搜索”显示词条是否受到人为干预

一审法院认为，在无相反证据的情况下，应当认定涉诉相关搜索词系由对过去一定时期内使用频率较高且与当前搜索词相关联的词条进行统计而由搜索引擎自动生成，并非由于百度公司人为干预。因为法院查明，无论是从任甲玉自述及公证书，还是从现场勘验来看，均表明在百度搜索框中输入“任甲玉”，在“相关搜索”中会显示出不同的排序及内容的词条，而且任甲玉主张的六个关键词也呈现出时有时无的动态及不规律的显示状态，并未呈现出人为干预的异常情况。

2. “相关搜索”及其服务模式是否侵犯任甲玉的被遗忘权

一审法院认为，任甲玉希望“被遗忘”（删除）的是百度“相关搜索”推荐关键词链接中涉及其曾在“陶氏教育”工作的特定个人信息，其所涉及的人格利益是对其个人良好业界声誉的不良影响，与任甲玉有直接的利益相关性，而这些利益指向也不能归入我国现有类型化的人格权保护范畴，因此，该利益能否成为应受保护的民事法益，关键就在于其是否具有正当性和受法律保护的必要性。

在法院看来，任甲玉主张删除的理由包含了两项具体的诉求意向：其一是正向或反向确认与其曾经合作过的“陶氏教育”不具有良好商誉；其二是试图向后续客户至少在网络上隐瞒其曾经的工作经历。就前者而言，企业的商誉受法律保护，不宜抽象地评价商誉好坏及商誉产生后果的因果联系。就后者而言，涉诉工作经历信息是任甲玉的职业经历的组成部分，与其目前的行业资信具有直接的相关性及时效性；工作经历等个人资信正是客户借以判断的重要依据，也是作为教师诚实信用的体现，这些信息的保留对于包括潜在客户在内的公众知悉任甲玉的相关情况具有客观的必要性。

基于此，一审法院认为，任甲玉主张的应“被遗忘”信息的利益不具有正当性和受法律保护的必要性，不应成为法律保护的正当法益，法院不支持其主张该利益受到被遗忘权保护的诉讼主张。

（四）二审的思路

二审法院认为，本案争议的焦点问题是百度公司“相关搜索”服务显示的涉及任甲玉的关键词是否侵犯了任甲玉的姓名权、名誉权及一般人格权中“被遗忘”的权利。这与一审法院的归纳是完全一致的。

关于姓名权和名誉权，二审法院认为，“任甲玉”是百度搜索引擎经过相关算法的处理过程后显示的客观存在于网络空间的字符组合，并非百度针对“任甲玉”这个特定人名的盗用或假冒，故并未侵犯任甲玉的姓名权。同时，百度既不存在侵权事实亦不存在主观过错，故对任甲玉的名誉权不构成侵犯。

关于被遗忘权，二审法院认为，一方面，我国现行法律中并无对被遗忘权的法律规定，亦无被遗忘权的权利类型。被遗忘权只是欧盟法院通过判决确立的概念，并没有在我国实现本土化。另一方面，被遗忘权这类一般人格利益若想获得保护，必须证明其具有正当性和应予保护的必要性，但任甲玉并不能充分证明上述正当性和必要性。因此，二审法院也不支持任甲玉主张的被遗忘权。

五、被遗忘权、数据控制权及数据流通的逻辑

事实上，我国法院并没有否认被遗忘权作为一般人格利益的合法存在，只是由于任甲玉并不能充分证明该利益具有正当性和应予保护的必要性，法院才不予以支持。而被遗忘权背后的真正逻辑却是数据主体、数据控制者及数据处理者对个人数据的控制权的争夺，核心是数据主体对其个人数据的控制权，具体表现为数据被采集及被处理的知情权、被遗忘权、删除权以及数据便携权等。

必须指出的是，数据主体对其个人数据的控制权对于数据共享、数据流通及数据交易的法律意义非常重大，甚至可以说是后者的前提和基础。大数据行业合法性危机的真正痛点之一是数据主体缺乏“个人数据退出机制”。2015 年 12

月，美国皮尤研究中心（Pew Research Center）的一项调查显示，仅有9％的受访者认为自己对于个人数据有“充分的掌握”，74％的受访者表示明确知道哪些机构采集并处理了他们的数据“非常重要”。

基于此，美国佛蒙特州于2018年5月通过法律，要求所有采集或购买本州居民个人信息的企业必须向州政府登记，这是全美第一部规范“数据掮客”的立法，试图实现的是一条“数据采集—数据分析—数据应用—数据清除”的完整产业链。遗憾的是，佛蒙特州的法律只要求数据采集企业进行登记并提供法律规定的“数据退出机制”。事实上，美国平台企业并不愿意公开自己的数据库，数据主体还是很难确切知道自己的哪些数据被哪些企业所采集和处理。但可喜的是，事情正在往好的方向发展，美国已有企业开始提供个人数据的服务，如DeleteMe公司可以提供监测和清除包括谷歌公司在内的25个头部平台企业的个人数据的服务。

第四章

用户数据保护，企业的责任边界在哪里

□ 冯坚坚 | 原某知名律师事务所合伙人，现为某知名互联网公司隐私保护资深专家
□ 袁立志 | 竞天公诚律师事务所合伙人

随着科学技术的进步，大数据产业蓬勃发展，在政府治理、公共服务、产业发展等方面的完善和改进中，数据做出了巨大贡献，蕴藏了无限的潜能。其经济效益飞速增长的同时，也引发了一系列社会问题。

近年来，数据泄露事件频频发生，形势不容乐观。

2018 年 2 月，安全公司 Risk Based Security 发布的《2017 数据泄露速查报告》（2017 Data Breach QuickView Report）显示，2017 年，世界范围内共计发生了 5207 起数据泄露案件，其中涉及 78 亿条个人信息，甚至超过了当年的世界总人口数。

2017 年 3 月，京东与腾讯的安全团队协助公安部破获了一起窃取贩卖公民个人信息的特大案件，犯罪团伙的嫌疑人之一为京东某试用期员工。据环球网报道，该犯罪团伙累计

盗取涉及交通、物流、医疗等个人信息50亿条，在网络黑市进行贩卖。

2017年9月，据英国《金融时报》报道，作为美国三大个人信用评估机构之一的艾可飞（Equifax）被爆因遭受黑客攻击，导致1.43亿用户的个人信息流出，将近一半的美国民众和媒体暴露在重要私密信息泄露的风险中。

2016年年底，雅虎曾宣布该公司有10亿多用户账号于2013年被黑客窃取，这一事件导致雅虎股票跌幅超过6%。2017年10月3日，雅虎母公司美国电信巨头威瑞森（Verizon）表示：所有30亿雅虎用户的个人信息被泄露。这一数字是2016年12月公布的3倍。

2018年，情况并未有所好转。3月的Facebook“数据门”震惊世界，其对于各国立法产生了很大影响。根据媒体的报道，一家名为“剑桥分析”（Cambridge Analytica）的数据分析公司通过一个性格测试软件和Facebook提供的API接口，收集了8700万Facebook用户的个人信息，这些个人信息详细描述了用户的个性、社交网络以及在平台上的参与度，然后被使用于特朗普团队的美国大选工作，并可能影响了美国大选的最终结果。4月，Facebook通知了在其平台上的8700万名用户，他们的个人信息已经遭到泄露。

反观我国国内，2018年6月19日，一位用户在暗网上兜售圆通10亿条快递数据，该用户表示售卖的数据为2014年下半年的数据，数据包括寄件人或收件人的姓名、电话、地址等个人信息，这些数据已经经过去重处理，数据重复率低于 20%。亿欧网报道，根据该用户的报价，只要花 430 元人民币即可购买到 100 万条圆通快递的个人用户信息，而 10 亿条数据仅需要 43197 元人民币。

IBM 安全（IBM Security）委托波耐蒙研究所（Ponemon Institute）进行的《2018 数据泄露损失研究》评估了安全事件的年度损失。研究显示，大型数据泄露代价高昂，百万条记录可致损失 4000 万美元，5000 万条记录可致损失 3.5 亿美元。2018 年，遭遇数据泄露事件的公司平均要损失 386 万美元，与 2017 年相比增加了 6.4%。

但显然，这还只是全世界范围内数据安全事件的“冰山一角”。2017 年年底，Uber 公司被爆曾被黑客攻击，致使 5700 多万用户和司机账号被盗。然而，Uber 公司对外隐瞒了这一事件，并支付了 10 万美元要求黑客删除数据。要知道，这仅仅是已被发现并报道的事件，那些未被发现和曝光的事件会涉及多少数据泄露呢？真实的情况或许是我们无法想象的，而它们却已悄然成为潜伏的巨大威胁。

大规模数据泄露事件，往往反映出的不仅是立法和监管的滞后，更是整个行业体系的不完善。但是，我们不能习惯性地将问题归结于体制或者发展必然带来的两面性。作为从 IT（Information Technology）时代过渡到 DT（Data Technology）时代的见证者和参与者，消费者和监管者要如何认识企业在个人信息安全中的责任边界，而企业又能采取何种措施规避自身风险，是值得我们深思的。

一、庞理鹏诉东航、趣拿公司案

2016—2017 年，一起由于用户怀疑企业泄露个人信息引起的诉讼——庞理鹏诉东航、趣拿公司案，将企业造成个人信息泄露的问题带入公众视野，并在当时引起了广泛的社会关注和讨论。

事情的起因还要追溯到 2014 年。

2014 年 10 月 11 日，庞理鹏委托同事在趣拿公司旗下去哪儿网上帮他订购了一张东航的机票。该同事在订购机票之时，仅仅登记了庞理鹏的姓名和身份证号，而联系人信息、报销信息等均留的是该同事的。

就在订购完这张机票后的第二天，庞理鹏却在自己手机上收到了来源不明的号码发来的短信，称由于机械故障，其所预订的航班已被取消。这条短信中明确标明了庞理鹏的身份证号等相关个人精准信息和航班信息。与此同时，帮庞理鹏订购机票的同事却并未收到类似短信。一般来说，购买机票后遇到的诈骗短信，往往就是以“机械故障”或类似理由告知消费者航班已因故取消，下一步就是要求消费者通过某种方式办理退票或改签手续，并支付一定费用甚至要求提供银行卡信息，以达到诈骗目的。其后，购票同事便致电东航客服进行核实，客服人员确认该次航班正常，并表示庞理鹏收到的短信应属诈骗短信。

10 月 14 日，东航客服向庞理鹏发送通知短信，告知航班时刻调整。购票同事之后致电东航客服，被告知航班已经取消。

对于庞理鹏是托人为其购票，并未在订单中留存他本人的手机号码，东航给出的解释是，因庞理鹏是东航的常旅客，所以留存有庞理鹏本人的电话号码。而最初的那条疑似诈骗短信来源不明，但发短信者是如何得知庞理鹏的姓名、手机号码以及将要乘坐的航班信息的？对此，庞理鹏高度怀疑是东航或去哪儿网泄露了其个人信息。

于是庞理鹏一纸诉状将东航和趣拿公司告上了法院，起诉二者严重侵犯了其隐私权。一审中，庞理鹏被判败诉，但二审法院经过审理，决定撤销一审判决，并要求东航和趣拿公司在其官方网站首页以公告的形式向庞理鹏赔礼道歉。这一案件反映出了什么样的现实问题？两审判决为何发生了如此逆转性的变化？两级法院不同的态度背后又折射出了怎样的认识分歧？

1. 个人信息泄露背后的交易

在绝大部分个人信息泄露事件中，往往还牵涉着另一个概念——数据黑产。值得注意的是，在本案中，庞理鹏的个人信息不单单是被泄露，很可能还进入了数据黑产的链条，为不法分子所利用，向其发送了诈骗短信。

现如今，大数据产业发展势头强劲，数据交易也不再是一个新鲜的名词。一般来说，正常的数据商业交易，可以在合法的前提下挖掘出数据的商业价值。中国工程院院士邬贺铨在《现阶段我国大数据共享面临的问题》一文中指出，数据的价值便在于融合与挖掘，而数据流通与交易有利于促进数据的融合与挖掘。

但即使通过合法渠道进行的数据交易，由于技术和人为的因素，也仍存在个人信息泄露的风险。

在2016年强国知识产权论坛"互联网安全与治理模式创新"分论坛上，重庆大学法学院齐爱民教授说，据不完全统计，大数据交易中80%是个人信息。在大数据交易过程中最重要的两个环节是清洗和脱敏，脱敏又叫匿名化。北京理工大学计算机学院副院长刘驰教授则指出，尤其在进行深层次数据分析的时候，维持数据的匿名化十分困难。因为匿名化只能保证在数据输入端不存在可识别信息，但数据在被深层次地挖掘、融合、加工和价值提炼时，可能再次关联到个人，导致匿名化失效。

而非法的数据交易，在其本身构成违法甚至犯罪的情况下，不少还会直接关联到诈骗、勒索等其他刑事犯罪行为。

2018年8月28日，暗网上有人发帖，公开售卖华住酒店集团旗下酒店的信息数据，在网络上引起了轩然大波。如果公开售卖的数据属实，受到影响的酒店包括汉庭、美爵、禧玥、漫心、诺富特、美居、CitiGo、桔子、全季、星程、宜必思、怡莱、海友等广受用户欢迎的连锁酒店，泄露数据总数接近5亿条。这些数据包括约1.23亿条华住官网注册资料、约 1.3 亿条酒店入住登记身份证信息以及约 2.4 亿条酒店开房记录，数据甚至精确到姓名、卡号、手机号、邮箱、入住时间、离开时间、房间号、消费金额等。华住酒店集团立即向上海市公安局长宁分局报案，从华住酒店集团发布的公告显示，在暗网售卖数据的犯罪嫌疑人还对其进行了敲诈勒索。

不难想象，在巨大的经济利益的驱使下，个人数据买卖已经形成了黑色产业链。据悉，一条电商平台的交易记录，在成交后的 5 分钟内，在黑市上的价格最高可以达到 24 元人民币。然而，超过一定时间后，这个价格就会迅速下降。显然，刚完成购物的消费者很难想象自己的购物信息会在这么短的时间内被泄露，对于诈骗的防范意识自然是最低的；而随着时间的推移，诈骗成功的可能性逐渐降低，信息价格自然也就降低了。对大量侵犯公民个人信息案件的数据统计结果显示，此类案件的最大衍生危害就是为其他犯罪提供了实现可能和便利条件。

这些个人信息是如何流入黑市的呢？究其原因，主要包括“内鬼”外泄、黑客攻击，乃至公司化运作的团伙收集运营。其中，“内鬼”监守自盗是主要渠道。这些人往往可以接触到大量个人信息，各行各业各种层级都可能涉及。

在庞理鹏诉东航、趣拿公司一案中，虽然并未涉及和启动针对背后数据黑产交易的刑事调查程序，但可以断言，正是背后数据黑产的存在才导致庞理鹏收到诈骗短信，并直接引发了这一民事诉讼。

2. 企业和个人，谁来举证

毋庸置疑，要真正防范个人信息泄露问题，主要还得从作为数据控制者的企业着手，对收集数据、管理数据和使用数据等过程中容易出现漏洞的地方进行严格把控。但在发生个人信息泄露事件之后，在司法认定侵权责任的过程中，举证责任的分配无疑是至关重要的。而举证责任的分配，也恰恰是有关企业责任边界的社会认识在司法程序中的一种投射。

回顾庞理鹏诉东航、趣拿公司案，作为最高人民法院发布的十大涉互联网经典案例之一，这起案件最主要的争议焦点也正是在于举证责任。

庞理鹏在状告两公司时，主张东航和趣拿公司泄露了他的个人信息，包括姓名、手机号及行程安排，并要求东航和趣拿公司承担连带责任。

2016 年 10 月，一审法院对该案作出判决，认定庞理鹏的诉求缺乏证据支持，并驳回了他的全部请求。一审法院认为，庞理鹏既然主张这两家公司泄露了他的个人信息，就有责任提供证据证明这一点；如果庞理鹏没有证据，或者提出的证据不足以证明这两家公司侵权，就应当自行承担后果。也就是说，在一审法院看来，应该遵照“谁主张，谁举证”的原则，由庞理鹏承担主要举证责任。

庞理鹏不服一审判决，遂提请上诉。

二审法院经过审理，决定撤销一审判决，并要求东航和趣拿公司在其官方网站首页以公告形式向庞理鹏赔礼道歉。

为什么从一审到二审会发生这样戏剧性的逆转呢？在判决书中，二审法院就举证责任的分配提出了一个很重要的观点，即从收集证据的资金、技术等成本上看，庞理鹏作为一个普通人，不可能有能力和条件去收集证据，来证明两家公司的内部数据信息管理存在漏洞。因此，客观上，法律不能也不应该要求庞理鹏确凿地证明必定是两家公司泄露了他的隐私信息。在泄露原因的过错举证上，二审法院实际适用了“举证责任倒置”的原则。

而庞理鹏收集的证据，在二审中也得到了法官的认可，认定他已尽其所能完成了他的举证责任。考虑到航空服务提供过程中，个人信息会在多个企业主体间流转，因此可能事实上并不只是这两家公司能够掌握庞理鹏的姓名和手机号等信息，但是庞理鹏此行的航班信息和航班状态有极强的指向性，这两家公司肯定是主要的信息控制者和处理者。二审法院认为，庞理鹏提供的证据已经形成完整的证据链条，达到了法律所要求的证明标准，能够证明两家公司有很大可能泄露了庞理鹏的个人信息。

除此之外，两家公司都无法证明这次信息泄露是其他原因造成的，比如黑客攻击或者因庞理鹏和同事自身原因泄露。二审法院在排除了其他泄露个人信息可能性的前提下，结合该案的证据，认定两家公司存在过错。二审法院的判决体现出的倾向观点是，东航和趣拿公司都是各自行业的知名企业，在掌握了大量消费者个人信息的同时，理应有相应的能力保护好消费者的个人信息免受泄露，这既是其社会责任，也是其应尽的法律义务。

但是，二审法院的观点可能并不代表社会共识。即使纵观目前的司法判例，在个人信息泄露引发的侵权纠纷案中，不同的法院在举证责任的分配问题上认识并不一致，其中也不乏持一审法院观点的案例。“谁主张，谁举证”和“应由企业证明自身不存在过错或者证明他人存在过错的举证责任倒置”，这两种在司法判例中存在的观点分歧，其实也代表了社会中处于不同立场的利益主体对于企业在个人信息安全上责任边界认识问题的分歧。如果司法中采用举证责任倒置的原则被践行到与个人信息有关的商业活动中，则意味着企业不仅要对自己的行为负责，还要为整个个人信息流动链条中的每一个信息控制者或者信息处理者的行为负责。

二、寻找企业责任边界的平衡点

1. 企业与消费者

有人曾说，网络世界里，人人都隐藏在虚拟面具背后。然而，不知不觉间，这个面具已然不复存在，人们在网络世界里甚至比在现实生活中还要透明。

2014 年 10 月，阿里巴巴集团董事局主席马云、苹果 CEO 库克以及传媒业巨头默多克在南加州拉古纳海滩市会面。现场，马云透露：“我们是通过卖东西收集数据，数据是阿里最值钱的财富。”同年 11 月，在“2014（第十四届）中国年度管理大会”上，马云在演讲时直言阿里巴巴公司本质上是一家数据公司，“我们做淘宝的目的不是为了卖货，而是获得所有零售的数据和制造业的数据；我们做物流不是为了送包裹，而是把这些数据合在一起”。

可以说，互联网经济的迅猛发展，离不开大数据的支持。

企业在开展业务的过程中，会因为法律规范要求和业务需求，要求用户提供部分个人信息。企业利用数据的行为，有一部分是在法律允许的范围内对信息处理目的进行的合理延伸；相对地，也存在为了获取更大商业利益，而对用户个人信息安全构成威胁的不合理、不正当的处理行为。

正如被称为“互联网女皇”的美国分析师玛丽·米克尔（Mary Meeker）在美国发布的 2018 年互联网趋势报告中指出的，科技公司正面临矛盾，它们在使用数据提供更好的消费者体验和侵犯消费者隐私之间进退两难。

消费者自身心态往往也存在矛盾之处——一方面希望得到性价比最高甚至免费的服务；另一方面，又对自己的个人信息安全充满焦虑。对于消费者个体而言，网络不仅仅是纯粹的工具，是带来更为便利、丰富生活的新技术，同时也是个体实际感知和存在的全新空间。他们也非常关心自己的个人信息是否会在某个网络环境中被泄露，自己的私生活是否会因此受到打扰，自己的财产乃至人身安全是否会因此受到威胁。

消费者的隐私期待如果无法得到满足，将直接影响到企业对于个人信息的获取和利用。作为企业，理应把消费者的隐私感知置于重要位置，满足其合理的期望。透明化消费者提供给企业的个人信息被收集、使用和共享的过程以及确保消费者在不同场景下所拥有的选择权等做法，都将使得消费者的隐私感知在很大程度上得到优化，从而对双方利益起到促进作用。

由于个人信息安全问题越来越突出，目前的社会舆论基本处于“一边倒”的情势，企业在个人信息安全的责任边界上面临极大的压力，庞理鹏一案的二审判决结果可以说集中反映了当前由企业一方承担更大义务的发展趋势。的确，企业与个人，在知识、技术水平、信息获取的效率和范围等方面都有着天壤之别。两者虽为民法上的平等主体，但法律的价值倾向理应更优先考虑消费者权益保护，让企业承担更广泛的责任。然而，即使是法律，有时也不能忽视客观的经济规律，企业作为社会经济活动的重要主体，理应承担相应社会责任，但如果将企业责任扩大化甚至绝对化，势必导致企业成本的急剧上升，并最终体现为产品价格的上涨、企业竞争力的下降，消费者乃至整个社会的整体福利反而受到损害。

要找到两者利益的平衡点，最为迫切和有效的办法，就是在企业和消费者之间建立起信任。企业应当认识到，自身的长久发展立足于消费者的信赖，要想获得真正的成功，必须满足消费者个体对于个人信息安全的合理期望。企业应在对个人信息的使用过程中做到透明公开，保障消费者合理的知情权，并尽可能让消费者拥有合理的选择权利。与此同时，消费者也应当给予企业合理的信任空间。而对于破坏信任的企业，法律应当予以严惩。

建立信任，虽然显得老套而且理想主义，但我们亲眼见证了支付宝对淘宝电商崛起过程中所起到的重大作用和帮助。我们也的确知道，建立信任机制是降低交易成本和整个社会运行成本最有效的方法，尤其是在充满新技术和黑箱环节的数据领域。

2. 企业与政府

从个人信息安全的行政监管体制上讲，我国属于多头监管模式，政府监管部门包括网信部门、公安部门、工信部门、市场监督管理部门以及一些特定的行业主管部门（如“一行两会”、卫计部门等）。监管具有相当的复杂性，需要人力、技术和经验的支持，且会消耗大量的行政管理成本。若企业能够完全按照法律法规要求行事，加强行业自律，自然最符合政府的期待。但与此同时，监管者也不得不警惕恶性事件和舆情的发生，以免影响到社会稳定甚至国家安全。

确定企业责任边界是一个多方立场协调的过程，政府和企业之间也不例外。《电子商务法》制定过程中对“平台安全保障责任”规定的两次改动，便充分反映了双方对于企业责任边界问题的反复协调和博弈。最初，《电子商务法（草案三审稿）》第 37 条规定，对关系消费者生命健康的商品或者服务，电子商务平台经营者对平台内经营者的资质资格未尽到审核义务，或者对消费者未尽到安全保障义务，造成消费者损害的，依法与该平台内经营者承担连带责任。其后，一些公众、电商平台企业和法官指出，"连带责任"的规定，给平台经营者施加的责任过重。因此，《电子商务法（草案四审稿）》拟将上述规定中的"连带责任"改为"相应的补充责任"，但这又引发了多方争议，认为过度减轻了平台责任。最终，《电子商务法》对该条款进行了模糊处理，只是规定了"相应的责任"，将争议留给了法律体系的内在衔接和执法、司法实践去解决。

在商业发展和个人信息保护之间出现一定矛盾和冲突的情况下，作为政府，一方面需要回应公众对个人信息安全保护的期待，另一方面也要支持互联网经济、数据经济的发展。政府中的部分人士也承认，在企业尽到了合理的风险把控和安全保障的情形下，依然要求企业在个人信息保护上承担绝对的兜底责任，在我国网络安全保险制度尚未成形的背景下，可能会对人工智能、大数据、物联网等新经济领域的创新和发展产生不利影响。

三、企业应承担适度而非绝对责任

毋庸置疑，数据的价值已经在世界范围内得到普遍承认，不仅诞生出无数的新兴业态和商业模式，还使得传统行业焕发出新的生机。很多国家早已把数据经济列为重要的经济增长点。另外，数据已经成为战略性资源，互联网商战的制高点也演变为数据之争。数据蕴含着巨大利益，但是漠视个人信息保护也将给数据经济带来极大的风险。

企业作为核心主体，确定其在个人信息安全中的责任边界至关重要。庞理鹏案使得企业意识到了在数据因商业合作而传输的过程中可能因泄露而造成的风险，从而开始加强对自身以及合作伙伴的数据合规要求，但同时也将企业责任边界不够清晰、各方认知分歧过大的问题摆上了台面。目前造成企业与个人信息安全责任边界不清晰的根本原因，是现行立法框架之下数据权属本身的模糊，以及数据流动中任何一个节点均可能发生风险且大多数情况下难以有效追溯的固有特点。

企业责任边界的模糊或者过于绝对化地将个人信息安全责任归于企业，有可能导致企业在数据领域的创新和尝试意愿受到压抑。另外，消费者群体的隐私期待会随着社会发展和技术进步而变化，这进一步给企业责任边界带来了不确定性。建立信任机制可能是解决责任边界问题的方法之一，但是，越是拥有用户更多信任的企业或者机构（包括政府部门），越是应当在个人信息安全上承担更大的责任。而对于一些处于发展阶段的企业和处于创新、尝试阶段的商业模式，公众可以给予更多的质疑、考察和监督，但同时也不应在责任边界上过度苛求而限制其发展。

第二篇
数据竞争，谁的游戏

第五章

数据石油：大数据产品的权益边界及不正当竞争

□麻　策｜浙江垦丁律师事务所联合创始人

18世纪最为重要的资源是煤炭，它促成了工业革命的肇始；20世纪最为抢手的资源是石油，它保障了电气时代的持续；而在21世纪，最重要的其实不是人才，而是数据资源，因为这是打开大数据和智能时代的钥匙，数据即石油。

一、“生意参谋”产品不正当竞争案

淘宝“生意参谋”数据产品诞生于2011年，最早是应用在阿里巴巴B2B市场的数据工具。2013年10月，“生意参谋”正式走进淘宝系。2014—2015年，在原有规划基础上，“生意参谋”升级成为阿里巴巴商家端统一数据产品平台。公开数据显示，2016年，“生意参谋”累计服务商家超过2000万，月服务商家超过500万。正是这么一款超级数据产品，在2017年12月，不得不走进杭州互联网法院，对安徽美景信息科技有限公司（以下称“美景公司”）提出不正当竞争纠纷诉讼，从而引发了全国首例大数据产品不正当竞争案。

在本案中，淘宝（中国）软件有限公司（以下称“淘宝公司”）诉称，淘宝公司系阿里巴巴商家端“生意参谋”零售电商数据产品的开发者和运营者。淘宝公司通过“生意参谋”面向淘宝网、天猫商家提供可定制、个性化、一站式的商务决策体验平台，为商家的店铺运营提供数据化参考。“生意参谋”提供的数据内容是淘宝公司经用户同意，在记录、采集用户于淘宝电商平台（包括淘宝、天猫）上进行浏览、搜索、收藏、加购、交易等活动所留下的痕迹而形成的海量原始数据基础上采取脱敏处理，在剔除涉及个人信息、用户隐私后再经过深度处理、分析、整合、加工形成的诸如指数型、统计型、预测型的衍生数据。在“生意参谋”数据内容的形成过程中，无论在海量原始数据形成方面，还是在衍生数据的算法、模型创造方面，淘宝公司均投入了巨大的人力、物力。

另外，淘宝公司还认为，依据《民法总则》第127条的立法精神，“生意参谋”中的原始数据与衍生数据均系淘宝公司的无形资产，淘宝公司均享有合法权益，有权进行使用、处分。同时，淘宝公司通过“生意参谋”，为商家的店铺经营、行业发展、品牌竞争等提供相关的数据分析与服务并收取费用，已形成稳定的商业模式，给其带来较大的商业利益。“生意参谋”数据内容体现了淘宝公司的竞争优势，已成为淘宝公司的核心竞争利益所在。

本案被告美景公司系“咕咕互助平台”软件、“咕咕生意参谋众筹”网站的开发商与运营商。淘宝公司发现，美景公司通过“咕咕互助平台”软件、“咕咕生意参谋众筹”网站实施了以下侵犯淘宝公司正当权益的行为：(1) 在“咕咕生意参谋众筹”网站上推广“咕咕互助平台”软件，教唆、引诱已订购淘宝公司“生意参谋”产品的淘宝用户下载“咕咕互助平台”客户端，通过该软件相互分享、共用子账户；(2) 组织已订购淘宝公司“生意参谋”产品的淘宝用户在“咕咕互助平台”客户端上“出租”其“生意参谋”产品子账户获取佣金；(3) 组织“咕咕互助平台”用户租用淘宝公司“生意参谋”产品子账户，并为其通过远程登录“出租者”电脑等方式使用“出租者”的子账户查看“生意参谋”产品数据内容提供技术帮助，并从中牟利。美景公司的上述行为，对淘宝公司数据产品已构成实质性替代，直接导致了淘宝公司数据产品订购量和销售额的减少，极大损害了淘宝公司的经济利益，同时恶意破坏了淘宝公司的商业模式，严重扰乱了大数据行业的竞争秩序，已构成不正当竞争行为。

被告美景公司抗辩称：(1) 淘宝公司未经淘宝商户及淘宝软件用户同意，以营利为目的，私自抓取、采集和出售淘宝商户或淘宝软件用户享有财产权的相关信息，侵犯了网络用户的财产权、个人隐私以及商户的经营秘密，具有违法性；(2) 淘宝公司利用其对数据控制的垄断优势，迫使原始数据拥有者以高价购买由自己数据财产衍生出来的数据产品，具有不正当性；(3) 淘宝公司属于电商平台运营商，美景公司属于社交平台运营商，两者分属不同行业，相互间不存在竞争关系，不属于反不正当竞争法调整的范围；(4) 美景公司属于社交平台运营商，淘宝商户在涉案平台上沟通交流，分享各自所购买的不同权限的“生意参谋”数据内容，能够实现数据的增值与利益共享，不应为法律所禁止，且该部分行为系淘宝商户的自主行为，美景公司仅提供技术支持，并不存在淘宝公司诉称的教唆、引诱淘宝商户出租其子账户泄露数据的行为；(5) 美景公司的“咕咕互助平台”以技术服务，帮助那些被淘宝“生意参谋”以高价等限制条件排除于门外的淘宝商户享受到自有权利，实际促进了淘宝商户经营及其利益的保护，并未损害任何人的权益，也未破坏互联网环境中的市场秩序。综上，淘宝公司的诉请无事实和法律依据，请求法院予以驳回。

杭州互联网法院认为，网络数据产品的开发与市场应用已成为当前互联网行业的主要商业模式，是网络运营者市场竞争优势的重要来源与核心竞争力所在。在本案中，“生意参谋”数据产品是淘宝公司经过长期经营积累而形成的，为淘宝公司带来了可观的商业利益与市场竞争优势，淘宝公司对涉案数据产品享有竞争性财产权益。而美景公司未付出劳动创造，将涉案数据产品直接作为获取商业利益的工具，此种以他人劳动成果为己牟利的行为，明显有悖公认的商业道德，属于不劳而获“搭便车”的不正当竞争行为，如不加禁止将挫伤大数据产品开发者的创造积极性，阻碍大数据产业的发展。因此，法院判令美景公司停止侵权行为，并赔偿淘宝公司经济损失及合理费用共计 200 万元。

2018 年 12 月 18 日，杭州市中院作出终审判决。杭州市中院认为不正当竞争纠纷中合法权益可以是有名权益，也可以是无名权益，只要其可以给经营者带来营业收入，或者属于带来潜在营业收入的交易机会或竞争优势，就属于司法应当保护的法益。淘宝公司“生意参谋”属于竞争法意义上的财产权益，也构成淘宝公司的竞争优势。同时，淘宝公司未收集与其提供的服务无关的个人信息，其收集的原始数据系依约履行告知义务后所保留的痕迹信息，未违反《网络安全法》等关于个人信息保护的规定。因此，杭州市中院认为一审判决认定事实清楚，适用法律正确，依法维持。

二、什么是大数据产品

什么是大数据，什么是大数据产品，这一问题目前并没有法律法规直接作出解答，是目前立法中的空白，但是没有明确立法规制的地带是否就属于“三不管”的灰色地带？答案显然不是如此。

2015 年 8 月，国务院发布《促进大数据发展行动纲要》。该行动纲要指出，大数据是以容量大、类型多、存取速度快、应用价值高为主要特征的数据集合，正快速发展为对数量巨大、来源分散、格式多样的数据进行采集、存储和关联分析，从中发现新知识、创造新价值、提升新能力的新一代信息技术和服务业态。

2016 年 12 月 18 日，工业和信息化部发布了《大数据产业发展规划（2016—2020 年)》。根据该规划，大数据产业是指以数据生产、采集、存储、加工、分析、服务为主的相关经济活动，包括数据资源建设，大数据软硬件产品的开发、销售和租赁活动，以及相关信息技术服务。而为打造大数据产品，应以应用为导向，支持大数据产品研发，建立完善的大数据工具型、平台型和系统型产品体系，形成面向各行业的成熟大数据解决方案，推动大数据产品和解决方案研发及产业化。

最近几年，全国各省市均出台了自己的数据政策。例如，浙江省人民政府于 2017 年 5 月 1 日起施行的《浙江省公共数据和电子政务管理办法》就明确“鼓励公民、法人和其他组织对公共数据进行研究、分析、挖掘，开展大数据产业开发和创新应用”。这些无疑都为大数据产品的研发、推广奠定了良好的政策背景。

一般而言，大数据公司的主营业务主要包括数据挖掘与分析服务，根据《产业结构调整指导目录（2011 年本)》(2013 年修正)，该类业务属于国家鼓励发展的领域。同时，根据国务院发布的《“十二五”国家战略性新兴产业发展规划》(国发〔2012〕28 号)，国家明确将高端软件和新兴信息服务产业，包括海量数据处理软件列入“十二五”战略性新兴产业，并将物联网、云技术等新一代信息技术列为发展重点，故大数据业务亦属于国家重点鼓励发展的领域。

在司法实践中，2014 年，北京市海淀区人民法院曾在北京集奥聚合科技有限公司诉刘国清等不正当竞争纠纷一案判决中，在一定程度上对大数据下过定义，即“大数据系互联网技术高速发展的产物，表现为通过网络技术无差异地收集网络用户上网信息，根据需要对数据进行整理、挖掘和分析，形成一定的数据库，用以投放广告或者其他用途”。所以，大数据产业一般包括数据的采集、汇聚、处理、存储、分析、挖掘、应用、管控等数据处理能力，其应用场景存在于各行各业，从最为简单的精准广告投放，到云服务、机器学习和人工智能等，不一而足。

三、大数据行业与合规边界

中国的大数据行业已经诞生了诸多小有名气的大数据公司，这些大数据公司因为游走于个人信息和数据转换的敏感地带，所以似乎天然地带有一定的神秘色彩。

从合规角度来看，针对大数据公司，我们需要明确一个问题：这一类型的公司不需要任何的行政许可准入资质吗？2014 年 9 月，国浩律师（西安）事务所就西安美林数据技术股份有限公司申请股票在新三板挂牌并公开转让发布的法律意见书指出：“美林数据实际经营的主要业务为‘提供大数据分析与挖掘相关产品的研发、销售与咨询服务，信息化综合解决方案及工程服务等'。本所律师核查后认为，美林数据的经营范围和实际经营的主要业务符合国家产业政策以及有关法律、法规和规范性文件的规定"，且"经与主办券商、公司总经理访谈并经本所律师核查，公司所处行业及主营业务无需申请取得相关经营资质及许可即可开展"。这一结论并未受到全国股转中心的穷追猛打，美林数据得以顺利挂牌。

对于另外一位大数据行业的"网红"，即数据堂公司，北京国枫凯文律师事务所为其申请股票在新三板挂牌并公开转让出具的法律意见书显示，数据业务是数据堂公司的核心业务。该公司的数据业务包括四类：(1) 数据共享服务，系利用公共机构共享的数据提供公益服务，满足用户免费使用数据的基本需求；(2) 数据采集与制作服务，即通过众包平台，利用大众力量及资源，低成本高效率地建设专业数据；(3) 数据交易与订阅服务，即通过众包产生数据等各类渠道，从而提供面向大众的数据交易及订阅服务；(4) 数据应用服务，即开放数据平台和数据资源，供中小企业和个人客户开发面向平台用户的数据应用服务，也包括面向企业客户提供大数据的存储、管理、挖掘、分析的专业系统解决方案。

数据堂公司曾在其2017年年报中表示："公司作为一家数据收集和交易公司，必然会和形形色色的数据打交道，国家在不断出台各种法律法规来确保数据来源及交易的合法性，因此如何合法合规地获取与交易数据成为大数据企业，特别是数据资源和交易公司的潜在法律风险。"但遗憾的是，这家国内“大数据行业第一股”最终仍因卷入特大侵犯个人信息专案，震动了大数据行业。

在大数据行业中，涉及数据的敏感合规风险源主要是数据来源与数据交易。

一般而言，大数据公司的数据来源主要可以分为全网数据爬取、公司通过数据众包形式获得、通过合作协议的方式获得、用户免费的数据共享而得以及向其他数据公司购买所得。对于任何数据，大数据公司都必须对存在隐私或个人信息的数据进行处理。所谓个人信息，根据《网络安全法》的规定，是指以电子或者其他方式记录的能够单独或者与其他信息结合识别自然人个人身份的各种信息，包括但不限于自然人的姓名、出生日期、身份证件号码、个人生物识别信息、住址、电话号码等。

从数据交易角度来看，根据我国《刑法》第253条之一的规定，违反国家有关规定，向他人出售或者提供公民个人信息，情节严重的，处三年以下有期徒刑或者拘役，并处或者单处罚金；情节特别严重的，处三年以上七年以下有期徒刑，并处罚金。按照《最高人民法院、最高人民检察院关于办理侵犯公民个人信息刑事案件适用法律若干问题的解释》，非法获取、出售或者提供公民行踪轨迹信息、通信内容、征信信息、财产信息50条以上的；非法获取、出售或者提供公民住宿信息、通信记录、健康生理信息、交易信息等500条以上的；非法获取、出售或者提供其他公民个人信息5000条以上的；违法所得5000元以上的，构成“情节严重”标准。此外，利用非法购买、收受的公民个人信息合法经营获利5万元以上的，也构成入罪的“情节严重”标准。侵害公民个人信息犯罪，已经成为数据行业头顶上的“达摩克利斯之剑”。

所以，大数据产品的基础信息来源必须是合法正当且必要的，该类基础信息包括用户的个人信息或非个人信息。根据《网络安全法》等法规要求，收集、使用主体必须公示收集使用规则，且须由用户同意（默示同意或明示同意），否则是不合规的。

在收集、使用用户信息过程中，“必要性”合规问题在大数据产品中特别值得一提。法院在“生意参谋”案判决中认为：“从行为必要性来看，淘宝公司收集、使用原始数据的目的在于通过大数据分析为用户的经营活动提供参谋服务，其使用数据信息的目的、方式和范围均符合相关法律规定。”我们知道，个人信息收集和使用的必要性若有缺失，其大数据产品也将无立源之本，如果大数据产品本身是由独立的大数据产品公司研发，如各类数据众包服务平台，其收集、使用信息的必要性是可以完全解释得通的——“我们就是做数据分析的”。但是，若大数据产品是发源于其他业务功能的产品领域，比如很多平台一开始并不以大数据产品为业，只不过在用户量大、数据沉淀够丰富了之后才觉得有必要进行数据挖掘，如简单促成交易型电商平台收集、使用用户浏览和交易信息，社交平台收集用户停留或点赞及评论等互动信息，其个人信息（特别是敏感信息）收集的必要性，或数据最小化操作的合规就要仔细掂量掂量了，毕竟电商平台主产品或服务的业务功能是连接用户和商户并“卖货”，社交平台的业务功能是互动/通信。当然，淘宝平台早已不是纯电商交易平台，数据服务之业务功能日显重要，这在法院援引的各类隐私政策条款中就可见一斑。

“必要性”原则不仅仅涉及数据收集阶段，更涉及数据使用阶段。《信息安全技术 个人信息安全规范》第 5.2 条对收集个人信息的最小化要求作出了明确规定，其中最重要的是收集的个人信息的类型应与实现产品或服务的业务功能有直接关联（没有该信息，产品或服务的功能无法实现），以及自动采集个人信息的频率应是实现产品或服务的业务功能所必需的最低频率。另外，该规范第 7.3 条明确，在使用个人信息时，“不得超出与收集个人信息所声明的目的具有直接或合理关联的范围”。

在互联网时代，商业主体的业务正慢慢失去边界，要解决数据最小化收集的合规问题，就需要对其产品或服务的边界进行一定程度的“扩张”，而不能只限于营业执照之经营范围。所以，为了能够让平台所收集、使用的个人信息始终落入“最小化”之中，网络运营者应当对其业务模式，特别是在网络平台双边服务模式下，在撰写的隐私条款或用户注册和服务协议中进行合理说明，如电商平台模式，即业务功能不仅针对免费C端并提供购物之平台服务，更针对付费B端并提供广告或数据分析之平台服务（这类条款日后也应当是标配条款），以确保所收集、使用的各类信息均能和平台上各项业务功能相关联。

四、大数据产品权益的边界——数据权益到底归谁

解决大数据产品商业化的前提在于，必须先明确数据权益到底归谁。而单就此问题，不管是个人、企业还是国家，其实都是在不遗余力地进行“争取”，实践中的案例比比皆是。

对于个人和企业间而言，个人信息和数据保护意识已经觉醒。虽然大部分的网络用户在注册网络服务时，仍然是闭着眼睛点击同意“隐私权条款”，但已经有用户开始拿起法律武器提出数据诉求，包括国内如朱烨诉百度的隐私权纠纷第一案、国外如一西班牙公民向谷歌主张“被遗忘权”等。

企业间的争议更甚，已经达到了剑拔弩张势不两立的程度。菜鸟和顺丰之间关于数据接口的纠纷让人们第一次清楚地看到数据对公司和网络用户的深刻影响，新浪微博和脉脉间全国数据共享第一案确定了数据共享的司法裁判规则，京东关闭天天快递的数据接口让人看到数据的生命线状态，腾讯和华为旗下的荣耀Magic手机关于微信用户数据的掐架把原本两个世界的主体扯入同一竞争战场。

企业和政府间亦存在争议。苹果公司曾拒绝了美国联邦调查局（FBI）要求查阅暴恐分子手机数据的请求。同样的事情，微软也曾经做过。而在中国，也有网民曝料微信曾拒绝法院调取微信点对点间数据。另外，苹果公司在中国设立了数据中心，微软在北京、上海和香港都建立了数据中心，连谷歌应用商店都因为想重返中国而必须将服务器放在中国境内。相信这样的争议话题将会继续进行下去，很难在短时间内有定论。

而在国家（地区）和国家（地区）之间，这样的数据战争更是上升到了国家安全层级。其中最为有名的事件就是欧洲法院曾作出判决，认定欧盟与美国于2000年签署的关于自动交换数据的《安全港协议》无效，美国互联网公司不能将欧盟公民的数据传输至美国的服务器。另外，我国的《网络安全法》也开始严格限制境内数据的跨境流动；2018年欧盟《通用数据保护条例》（GDPR）实施后，任何机构如果违规收集、传输、保留或处理涉及欧盟任何人的个人信息，都将面临最高达2000万欧元的责罚。这些都说明在国家（地区）和国家（地区）之间，数据的跨境流动将显得愈加困难。

回到淘宝“生意参谋”案，该判决不仅在民事领域首次援引《网络安全法》并对个人信息收集、使用合规进行充分论述，还在民事领域就《民法总则》之数据权益的边界提出司法观点，更就数据产业竞争秩序提出了司法期许，可谓“大满贯”判决。大数据产品之所以牵涉不正当竞争，其前提在于法律首先需要明确大数据产品具有民事权益，而在目前国家法律法规并无明确规定的条件下，更需要厘清大数据产品权益的边界问题。实践中，大数据行业发展面临的一大困境便是数据产权的权利边界不清晰。

针对数据权益的边界问题，“生意参谋”案判决分别针对网络用户信息、原始网络数据、数据产品之边界进行了论述。该案判决认为，特定用户的网络用户信息（个人信息和非个人信息）显然是孤立的，其存在的目的在于获得网络服务，因此用户并不具有独立的财产性权益；网络运营者对于原始网络数据（网络行为数据）只依约享有使用权而不享有独立的权利；而网络大数据经过网络运营者大量的智力劳动成果投入，经过深度开发与系统整合，是与网络用户信息、原始网络数据无直接对应关系的衍生数据，故网络运营者对于其开发的大数据产品，应当享有自己独立的财产性权益。

实务中，之所以要探讨数据权益的边界，其实也是由产权思维所导致的。以“生意参谋”案为例，从正向来看，若淘宝公司不享有数据权益，就不符合《民事诉讼法》规定的“与本案有直接利害关系”这一起诉条件，公司也就无法提出司法保护的请求；而从反向来看，若淘宝公司不享有可独立的数据权益，其势必可能侵害用户的个人信息或个人隐私权利，以致形成侵权或不当得利之状，用户甚至可以要求淘宝公司对其盈利进行分成。所以，我们必须明确何种情况下，淘宝公司之数据权益已然合规超脱于用户信息权益。

从这个角度来看，各类数据收集公司一般会通过“隐私权政策”或“用户注册协议”来获得用户的个人信息及数据授权，从而获得对用户数据的使用权益。例如，淘宝网的法律声明中就明确：“除非淘宝网另行声明，淘宝网推出的所有官方产品、技术、软件、程序、数据及其他信息（包括文字、图标、图片、照片、音频、视频、图表、色彩组合、版面设计等）的所有权利（包括版权、商标权、专利权、商业秘密及其他相关权利）均归阿里巴巴集团及/或其关联公司所有。”又如，京东注册条款中亦明确：“您一旦接受本协议，即表明您主动将您在任何时间段在本软件发表的任何形式的信息内容（包括但不限于客户评价、客户咨询、各类话题文章等信息内容）的财产性权利等任何可转让的权利，如著作权财产权（包括并不限于：复制权、发行权、出租权、展览权、表演权、放映权、广播权、信息网络传播权、摄制权、改编权、翻译权、汇编权以及应当由著作权人享有的其他可转让权利），全部独家且不可撤销地转让给京东所有，并且您同意京东有权就任何主体侵权而单独提起诉讼。”

那么，这类经网络点击而生效的数据获取条款，是否能够经得住司法考验呢？

早在2015年，阿里巴巴公司就和用户在前述类似条款上发生过纠纷。在周盛春诉阿里巴巴公司计算机软件著作权权属纠纷、计算机软件著作权许可使用合同纠纷一案中，双方对所签订的《手机淘宝—软件许可使用协议》中的“特别授权”条款产生争议。该条款的内容为：“您完全理解并不可撤销地授予阿里巴巴及其关联公司下列权利：1. 对于使用许可软件时提供的资料及数据信息，您授予阿里巴巴及其关联公司独家的、全球通用的、永久的、免费的许可使用权利（并有权在多个层面对该权利进行再授权）。此外，阿里巴巴及其关联公司有权（全部或部分地）使用、复制、修订、改写、发布、翻译、分发、执行和展示您的全部资料数据或制作其派生作品，并以现在已知或日后开发的任何形式、媒体或技术，将上述信息纳入其他作品内。……”这类条款几乎是大部分互联网公司都会在注册协议中设置的数据获取条款。

阿里巴巴公司认为，“特别授权”条款只约定了原告周盛春授权阿里巴巴公司使用其提供的资料及数据信息，阿里巴巴公司出于平台发展和软件安全等的需要，在收集并使用原告在手机淘宝上产生的数据信息的过程中，并未滥用支配地位拒绝与交易相对人进行交易。原告认为阿里巴巴公司未依法收集、使用数据的理由不成立。阿里巴巴公司在收集用户信息过程中不存在违法的情形，也未泄露、出售或者非法向他人提供用户信息，未通过协议约定排除原告的法定权利。阿里巴巴公司的行为符合国家倡导发展大数据的政策。原告在使用手机淘宝软件时产生的数据信息是阿里巴巴公司平台收集到的数据的一部分，已无法单独将涉及原告部分的数据删除而不影响其他用户。阿里巴巴公司不仅不存在出售或变相出售原告个人信息的行为，反而利用平台收集到的信息为国家大数据的构建提供了便利，促进了零售行业的发展，不存在违反法律法规强制性规定的情形。

法院最终也认为，“特别授权”条款规定的原告授予阿里巴巴公司及其关联公司对于原告使用许可软件时提供的资料及数据信息的许可使用内容，不包含原告个人隐私的信息。条款的特别授权内容并非优于《手机淘宝—软件许可使用协议》的其他条款而存在，而是受该协议第6条的隐私政策与数据内容的制约。故该条款不存在侵害原告通信自由、人格权和个人隐私的行为，也不存在损害社会公共利益或违反法律、行政法规的强制性规定而无效的情形。原告与阿里巴巴公司签订的《手机淘宝—软件许可使用协议》虽系格式合同，但该协议的“特别授权”条款并无《合同法》规定的无效情形，也无免除阿里巴巴公司责任、加重原告责任或者排除原告主要权利的无效情形，应为合法有效。

解决了这个问题，其实也极大地解决了大数据产业中数据源头的合法性问题。接下来，我们就可以继续从如下一些角度，探讨并厘清大数据产品权益的边界问题：

(1) 大数据产品须根据《网络安全法》第42条的规定，落入“经过处理无法识别特定个人且不能复原”的范畴。此处的“不能复原”应当被理解为个人信息的匿名化处理，而不仅仅只是去标识化（如采用假名、数据映射、哈希值），否则大数据产品将永远是一个不稳定的可能被“破解”的因素。在这种形态下，如“生意参谋”案中的大数据产品所提供的数据内容不再是原始网络数据，而是在巨量原始网络数据基础上通过一定的算法，经过深度分析过滤、提炼整合以及匿名化脱敏处理后而形成的预测型、指数型、统计型的衍生数据，且该产品呈现数据内容的方式是趋势图、排行榜、占比图等图形，提供的是可视化的数据内容。

实际上，在“大数据”并无严格法定定义的情况下，大数据产品远远比上述数据形态更丰富，有一些大数据产品恰是反其道而为之，例如，① 精准（直接）用户画像市场，如征信系统下的数据画像（如芝麻信用），在线消费贷款发放数据产品等自动化决策系统，此类情况下的大数据产品有着完全不同方向的合规要件，如算法说明义务、用户不受约束、人工干预请求等等；② 开放平台中的数据产品，如平台以 Open API 形式向外部提供数据验证、数据打通服务，以供用户调用平台数据至其他平台（如第三方登录），或供其他平台在其数据库中检索验证相关资质（如实名认证）等各类用途，或各类政务数据平台对外开放政务数据。

（2）大数据产品是劳动成果的结晶，其必定是依赖于人工或自动化系统，集合生产、采集、标注（加工、清洗、评估等），并通过一定新的数据方案或算法进行的输出，这其中会有专属人力、物力和财力的付出。例如，人人都知道人工智能的高精尖，但人工智能仍在机器学习过程中，其实是成千上万的数据标注员，包括各类数据众包平台的标注工作才成就了它。从各类不同渠道获得的合法数据必须去除个人信息或个人隐私，使这些数据不可识别或关联至个人。当然，实务中越来越多的监管已经不再满足于识别个人，而有意扩张至识别“单纯的设备”，特别是《2018 年加州消费者隐私法案》直截了当地认为识别单纯设备信息的也属个人信息，这也给大数据产品的形成提出了新的考验。

（3）大数据产品具备交换价值目的或竞争优势。之所以称为“大数据产品”，在于其已抽象成独立的可特定化的新型产品类型，它可能兼带有流通品之“商品”和“服务”两种属性，并可以单独“面市”，如运营产品的法律主体是独立的，产品本身可单独封装销售而不仅仅只是作为配套服务等。在商业领域，大数据产品如果仅仅只是辛苦劳作的结果，实际上并不会给企业或利益关系方产生或带来经济利益或竞争优势，投入巨资孵化有何意义？从商业上考虑，产品或技术的开发目标一般包括利己或损人，利己才是根本。

（4）用户数据权益边界。除非大数据产品是完全自主“产权”，否则一定会和用户数据权益相互交织，如可识别或关联了个人信息，此种情况下，网络运营者只能取得数据的使用权和一定的受益权益，而应当将数据的控制权完全交还给用户，这是厘清数据权益边界的要义。例如，网络运营者须给予（不同国家或地区有不同要求）用户充分的纠正权、删除权、限制处理权、移植权、自动化决策拒绝权、（账户）注销权等等。

当然，在实务中，很多用户对其数据的使用虽然是完全自主控制的，但却会伤害到平台的数据安全或数据权益，如用户让渡自己的平台账号予以外部数据收集主体，供该类主体登录其账户挖掘数据。但问题是，只要用户明确同意，第三方数据收集主体就可以使用用户账户在平台上挖掘数据吗？我们知道，在大数据分享的用户权益保护中，司法实践已经确立了“用户授权”＋“平台授权”＋“用户授权”的三重授权原则，那么，在大数据分享的平台权益保护中，用户的数据权益当然也不能无限制扩张，所以也可以树立“用户同意＋平台同意”的双重验证原则。实务中，平台基本上也均会通过“用户账号只限初始申请人使用，不得转借、出租”等条款作出限制。

五、大数据产品的不正当竞争认定

鉴于大数据产品不正当竞争并未在《反不正当竞争法》中予以明确规定，因此，在非类型化的不正当竞争案件中，必须且只能适用《反不正当竞争法》第 2 条的规定：“经营者在生产经营活动中，应当遵循自愿、平等、公平、诚信的原则，遵守法律和商业道德。本法所称的不正当竞争行为，是指经营者在生产经营活动中，违反本法规定，扰乱市场竞争秩序，损害其他经营者或者消费者的合法权益的行为。”最高人民法院在山东省食品进出口公司等诉马达庆等不正当竞争纠纷再审案（（2009）民申字第 1065 号）中提出，适用《反不正当竞争法》第 2 条认定构成不正当竞争应当同时具备以下条件：(1) 法律对该种竞争行为未作出特别规定；(2) 其他经营者的合法权益确因该竞争行为而受到了实际损害；(3) 该种竞争行为因确属违反诚实信用原则和公认的商业道德而具有不正当性。

基于互联网行业中技术形态和市场竞争模式与传统行业存在显著差别，为保障新技术和市场竞争模式的发展空间，北京知识产权法院在北京淘友天下技术有限公司等（脉脉的运营人）与北京微梦创科网络技术有限公司（新浪微博的运营人）不正当竞争纠纷一案中认为，在互联网行业中适用《反不正当竞争法》第 2 条更应秉持谦抑的司法态度，在满足上述三个条件外还需满足以下三个条件才可适用：(1) 该竞争行为所采用的技术手段确实损害了消费者的利益，限制消费者的自主选择权，未保障消费者的知情权，损害了消费者的隐私权等；(2) 该竞争行为破坏了互联网环境中的公开、公平、公正的市场竞争秩序，从而引发恶性竞争或者具备这样的可能性；(3) 对于互联网中利用新技术手段或新商业模式的竞争行为，应首先推定具有正当性，不正当性需要证据加以证明。

上述案件中，法院认为，新浪微博将用户信息作为其研发产品、提升企业竞争力的基础和核心，实施开放平台战略向第三方应用有条件地提供用户信息，目的是在保护用户信息的同时维护新浪微博自身的核心竞争优势。而淘友技术公司等未经新浪微博用户的同意，获取并使用非脉脉用户的新浪微博信息，节省了大量的经济投入，变相降低了同为竞争者的新浪微博的竞争优势，一定程度上侵害了作为新浪微博运营人的微梦公司的商业资源，因此构成不正当竞争。

同样，在“生意参谋”案中，法院认为，美景公司未付出自己的劳动创造，仅是将“生意参谋”数据产品直接作为自己获取商业利益的工具，其使用“生意参谋”数据产品也仅是提供同质化的网络服务。此种据他人市场成果直接为己所用，从而获取商业利益与竞争优势的行为，明显有悖公认的商业道德，属于不劳而获“搭便车”的不正当竞争行为，如不加禁止将严重挫伤大数据产品开发者的创造积极性，阻碍互联网产业的发展，进而会影响到广大民众的福祉。至于美景公司主张的“根据技术中立原则，被诉行为应予免责”的抗辩，法院认为，互联网经济作为高科技产业，其发展政策应当是鼓励科技创新与技术进步。但技术创新与技术进步应当成为公平竞争的工具，而不能用作干涉、破坏他人正当的商业模式，不正当攫取自身竞争优势的手段。技术本身虽然是中立的，但将技术作为不正当竞争的手段或工具时，该行为即具有可罚性。

不管如何，首例大数据产品不正当竞争案为大数据产业的健康发展指明了方向和途径，意义实属非凡。

第六章

大数据商业化的规则：大数据引发的不正当竞争第一案

□王　磊　新浪互联网法律研究院
秘书长

2016 年年底，被誉为“大数据引发的不正当竞争第一案”的新浪微博诉脉脉案在北京知识产权法院终审宣判。在个人信息保护与数据商业利用相关立法尚不完善的背景下，该案判决是司法机关一次卓有成效的开拓——八万余字的判决书详细分析了数据收集、使用者的权利义务，提出了在互联网行业中《反不正当竞争法》一般条款的适用条件以及数据收集、使用过程中的诚信原则与商业道德的判断依据。考虑到我国当前的数据商业纠纷大多通过《反不正当竞争法》的一般条款予以解决，本案所确立的分析思路对之后的法院裁判、企业合规乃至国家立法，都具有极其重要的指导意义。

一、脉脉私自收集、使用了非脉脉用户的个人信息

本案原告北京微梦创科网络技术有限公司（以下简称

"微梦公司"）系新浪微博的运营人，本案被告北京淘友天下技术有限公司、北京淘友天下科技发展有限公司（以下并称"淘友公司"）系脉脉的运营人。根据脉脉官方网站上的介绍，脉脉是"实名制商业社交平台，致力于利用科学算法打通'同事、同学、同乡、同校、共同的朋友'的五同关系，为商务人士降低社交门槛、拓展职场人脉，实现各行各业的交流合作，全面赋能中国职场人和中国企业"。

微梦公司和淘友公司曾有过一段合作。合作期间，微梦公司向淘友公司开放了 Open API 数据接口，允许淘友公司获取新浪微博用户的头像、名称、标签等用户信息，但不包括用户的教育信息和职业信息。根据双方签订的《开发者协议》，淘友公司在收集用户数据前"必须事先获得用户的同意"，并"告知用户相关数据收集的目的、范围及使用方式，以保障用户的知情权"。

基于与微梦公司的合作，淘友公司允许用户以新浪微博账号注册、登录或绑定脉脉账号。根据《脉脉服务协议》，用户一旦通过新浪微博账号使用脉脉服务，将被视为"完全了解、同意并接受淘友公司以包括但不限于收集、统计、分析等方式使用"用户在新浪微博上"填写、登记、公布、记录的全部信息"；淘友公司收集、使用用户信息的目的是"为用户提供包括好友印象、密友圈、人脉分布和关系链等脉脉服务的各项功能"，范围"包括但不限于用户个人信息、非用户个人信息、第三方平台记录等信息"。这种无所不包的一揽子授权满足了淘友公司至少在形式上履行了告知用户并征求其同意的程序。如果上述协议的内容被认为是有效的，那么淘友公司获取用户新浪微博信息的行为确实得到了用户的授权。但问题在于，淘友公司还收集、使用了非脉脉用户的个人信息。对于那些非脉脉用户，淘友公司显然没有就获取、使用其个人信息而告知他们并征求其同意。

为用户梳理、展示人脉关系是脉脉的重要功能，而实现这一功能不仅需要不同个体的个人信息，还需要个体间的关系信息。为此，淘友公司收集了脉脉用户的手机通讯录、新浪微博好友列表等信息，许多非脉脉用户因为出现在脉脉用户的关系网中，其个人信息也被淘友公司获取并展示。有的非脉脉用户是通过新浪微博好友列表被关联到脉脉用户的，其个人信息可以直接通过新浪微博获取；有的非脉脉用户是通过手机通讯录被关联到脉脉用户的，虽然手机通讯录上的个人信息通常较少，但如果将手机通讯录联系人与新浪微博用户一一对应（事实上淘友公司也是这么做的），其更多个人信息则可以通过新浪微博获取。当然，上述个人信息理论上也可能从别处获取，但此类个人信息主要来自新浪微博，且很多具有强烈个人色彩的信息，仅在新浪微博展示。故本案的第一个问题是：脉脉平台上展示的非脉脉用户的个人信息是否来自新浪微博？

对此，微梦公司举证证明，有脉脉用户通过上传手机通讯录将非脉脉用户但为新浪微博好友的信息上传到淘友公司的服务器中。淘友公司也承认其部分非脉脉用户信息来自新浪微博，但它还提出其他信息来源。其中最值得注意的是，淘友公司称部分信息是通过协同过滤算法取得的。

协同过滤算法是一种由计算机自动实现的通过已知相关信息推测未知信息的计算方法。例如，一个人有 300 个好友，其中部分来自搜狐，部分来自清华大学，那么该人可能是清华大学毕业在搜狐工作。如果搜狐好友能互通，则该人在搜狐工作的可能性加大；如果清华大学好友不互通，则该人为清华大学毕业的可能性较小。一般认为，协同过滤算法计算的准确性取决于数据源的质量和数量，且个性化很强的信息较难被计算出来。而本案证据显示，在数据源的质量和数量没有充分保证的情况下，脉脉平台上展示的非脉脉用户信息与他们在新浪微博上的用户信息基本相同，准确率远超过现有的一般协同过滤算法所能达到的程度。另外，对于一些个性化很强、十分特别的微博名称，淘友公司也未能解释其如何能通过协同过滤算法获得。一审法院据此认定，涉案非脉脉用户信息来自新浪微博。

虽然结果是淘友公司因未能举证而承担不利的法律后果，但举证责任一开始是在微梦公司一方的，是微梦公司成功的初步举证才使得举证责任发生逆转。

对于数据抓取、泄露等案件，认定数据来源常常成为法院后续审理的基础。对此，现无法律或司法解释规定举证责任倒置，原告需要证明被告的数据是从自己那里抓取的，或者流出的数据是从被告那里泄露的。而数据的无体性、非排他性等特征使人难以追踪其来源，尤其是在经过加工、整合之后，这无疑加重了原告的举证负担。在特定情形下，这几乎是原告不能承受之重。例如，某人在证券公司开户后随即接到许多推荐股票的骚扰电话，他找不到打骚扰电话的人，只能找证券公司，可他要如何证明自己的信息是从证券公司那里泄露的呢？事实上，有时候被告距离证据更近，甚至直接控制着证据，更有能力举证，也更有“道义”去自证清白。此时法院可以根据公平原则，合理调整举证责任分配。

明确了涉案信息的来源，下一个问题是涉案信息的获取途径，而本案争议的焦点在于用户的教育信息和职业信息的获取途径。微梦公司认为，要想通过 Open API 获取用户的教育信息和职业信息，需要申请高级权限，而淘友公司仅有普通权限，只能通过 Open API 获取用户的头像、名称、好友关系（无好友信息）、标签和性别，无法获取用户的教育信息和职业信息。故微梦公司称其有合理理由相信，淘友公司使用了 Open API 以外的非法手段抓取新浪微博用户的教育信息和职业信息。淘友公司承认其获取了新浪微博用户的教育信息和职业信息，也承认其未申请、未获取高级权限，但淘友公司称这些信息是通过 Open API 获取的，即淘友公司可以通过微梦公司提供的数据接口直接获取权限之外的数据。淘友公司还称，其发现可以直接获取就获取了，以为双方达成合作可以获取，并认为微梦公司给予了事实上的许可当然表示其同意自己获取信息。

在案件审理过程中，由于微梦公司和淘友公司都未能提交完整的技术日志作为证据，无法再现事实经过，故只能根据举证规则确认法律事实。虽然微梦公司提出淘友公司使用了建立大量新浪微博账户来模拟正常用户行为或购买大量 IP 来伪造调用 IP 来源并伪造为正常用户的请求等多种可能的信息抓取手段，但由于缺乏证据，二审法院最终认定，淘友公司是通过 Open API 获取用户教育信息和职业信息的。淘友公司通过 Open API 超权限获取数据，说明微梦公司的 Open API 接口存在技术漏洞，微梦公司可能也有一定的过错。故下一个问题是，淘友公司是否应为此承担责任。

二、脉脉收集、使用新浪微博用户个人信息构成不正当竞争

微梦公司主张淘友公司收集、使用新浪微博用户数据的行为构成不正当竞争。2017 年修订前的《反不正当竞争法》在第二章列举了 11 项不正当竞争行为，并在第 2 条概括性规定了经营者应遵循的基本原则以及不正当竞争的定义。由于被诉行为不在《反不正当竞争法》第二章的列举范围之内，故我们只需分析该行为是否违反《反不正当竞争法》第 2 条，即《反不正当竞争法》的一般条款。

2010 年，最高人民法院在山东省食品进出口公司等诉马达庆等不正当竞争纠纷案（又称“海带配额案”）中首次确立

了《反不正当竞争法》第 2 条的一般条款地位，并提出了独立适用第 2 条的三项条件：一是法律对该种竞争行为未作出特别规定；二是其他经营者的合法权益确因该竞争行为而受到了实际损害；三是该种竞争行为因确属违反诚实信用原则和公认的商业道德而具有不正当性或者说可责性。

具体到本案，淘友公司的行为不属于《反不正当竞争法》第二章所列举的任何一种不正当竞争行为，但确实损害了微梦公司的合法利益。涉案的用户信息是新浪微博用户主动提交、微梦公司合法收集的，不仅这些信息是微梦公司的重要商业资源，其中的用户隐私问题也事关微梦公司的企业形象。同时，脉脉和新浪微博的部分社交功能重叠，彼此存在直接的竞争关系。淘友公司未经用户和微梦公司的同意收集、使用用户信息，不仅无偿利用了微梦公司的商业资源，减少了其可能获取的收入，还侵犯了用户隐私，冲击了微梦公司的企业形象，更是以不合理的低成本获取了竞争优势，损害了微梦公司的竞争利益。故本案适用一般条款的关键在于对上述第三项条件的判断。

根据最高人民法院在“海带配额案”中的解释，在反不正当竞争法的意义上，“诚实信用原则更多的是以公认的商业道德的形式体现出来的”。至于何为“商业道德”，最高人民法院解释道：“商业道德要按照特定商业领域中市场交易参与者即经济人的伦理标准来加以评判，它既不同于个人品德，也不能等同于一般的社会公德，所体现的是一种商业伦理。”

因此，问题最终简化为：淘友公司的行为是否违背了公认的商业道德？

二审法院认为，考虑到互联网行业中技术形态和市场竞争模式与传统行业存在显著差别，为保障新技术和市场竞争模式的发展空间，在互联网行业中适用《反不正当竞争法》第 2 条更应秉持谦抑的司法态度，在满足上述三项条件之外还需满足以下三项条件：一是该竞争行为所采用的技术手段确实损害了消费者的利益，限制了消费者的自主选择权，未保障消费者的知情权，损害了消费者的隐私权等；二是该竞争行为破坏了互联网环境中的公开、公平、公正的市场竞争秩序，从而引发恶性竞争或者具备这样的可能性；三是对于互联网中利用新技术手段或新商业模式的竞争行为，应首先推定具有正当性，不正当性需要证据加以证明。

虽然二审法院在表述上将新加的后三项条件与最高人民法院提出的前三项条件并列，但我们也可以将这后三项条件视为对前述第三项条件的解释。具体而言，在判断某行为是否违背互联网领域公认的商业道德时，法院先假定行为不违反公认的商业道德，然后分析该行为是否损害消费者利益或破坏竞争秩序。事实上，二审法院也正是这么分析本案的。

二审法院首先确认淘友公司的行为违反了《开发者协议》。根据《开发者协议》，淘友公司收集用户数据前必须获得用户的同意，且其无权获取用户的教育信息和职业信息。

显然，淘友公司未能遵守这两点。对于实名制职场社交平台，用户及用户人脉的教育信息和职业信息至关重要，淘友公司应对此类信息的获取负高度注意义务。而淘友公司明知自己是基于《开发者协议》而得以从 Open API 接口中获取数据，却无视协议的具体约定，以技术能力为限，最大范围地收集用户信息，具有过错。淘友公司的行为不仅破坏了基于《开发者协议》建立起来的 Open API 合作模式，还容易引发“技术霸权”的恶性竞争，破坏竞争秩序。二审法院进一步指出，收集、使用用户个人信息必须以取得用户同意为前提，是互联网企业应当遵守的一般商业道德。淘友公司收集、使用非脉脉用户的个人信息违背了公认的商业道德，构成不正当竞争。

三、什么是公认的商业道德

在保护消费者利益成为一项“政治正确”的大背景下，说收集、使用用户信息需经用户同意是公认的商业道德自然没有错。但如果以这一条准则来概括互联网社交行业公认的商业道德，不免有失公允。因此，在本案中，一审法院先分析了淘友公司的行为对消费者利益和竞争秩序的影响，以辅助论证淘友公司行为的反道德性。此时，我们再来看二审法院新增的三项条件，从对消费者利益和竞争秩序的影响到公认的商业道德判断，这里论证的思路是如何展开的呢？

从各级法院的司法实践来看，认定行为是否违背公认的商业道德主要有两种思路。一种思路是从“道德”出发，寻找特定行业现有的商业道德，或者根据行业现状，总结出某一具体的商业道德，进而判断行为是否违反商业道德。另一种思路是从“利益”出发，分析行为对经营者、消费者乃至全社会的影响。如果行为在整体上是促进各方利益、平衡各方利益的，则认定行为不违反商业道德；反之，则认为行为违反商业道德。

在第一种思路下，法院常引用行业内较权威的公约，以此作为公认商业道德的文本依据。2013 年，最高人民法院在奇虎公司与腾讯公司不正当竞争纠纷案中指出：“相关行业协会或者自律组织为规范特定领域的竞争行为和维护竞争秩序，有时会结合其行业特点和竞争需求，在总结归纳其行业内竞争现象的基础上，以自律公约等形式制定行业内的从业规范，以约束行业内的企业行为或者为其提供行为指引。这些行业性规范常常反映和体现了行业内的公认商业道德和行为标准，可以成为人民法院发现和认定行业惯常行为标准和公认商业道德的重要渊源之一。……该自律公约系互联网协会部分会员提出草案，并得到包括本案当事人在内的互联网企业广泛签署，该事实在某种程度上说明了该自律公约确实具有正当性并为业内所公认，其相关内容也反映了互联网行业市场竞争的实际和正当竞争需求。人民法院在判断其相关内容合法、公正和客观的基础上，将其作为认定互联网行业惯常行为标准和公认商业道德的参考依据，并无不当。”2014 年，北京市一中院在百度公司诉奇虎公司不正当竞争纠纷案中也表示："(《搜索引擎行业自律公约》) 作为在互联网协会的牵头组织下，由搜索引擎行业内具有较高代表性且占有绝大部分市场份额的企业共同达成的行业共识，反映和体现了行业内的公认商业道德和行为标准，本院对于由《自律公约》所反映的企业意愿和行业导向予以充分的尊重，在本案没有明确法律规定作为判定双方当事人权利义务边界的情况下，法院对于《自律公约》所体现出的精神予以充分的考虑。"

如果业内没有较为权威的公约或类似文本，法院有时会从一般道德原则出发，结合行业具体情况，总结出特定的商业道德。例如，2013 年，北京市高级人民法院在百度公司诉奇虎公司侵害商标权及不正当竞争纠纷案中提出了"非公益必要不干扰原则"："虽然确实出于保护网络用户等社会公众的利益的需要，网络服务经营者在特定情况下不经网络用户知情并主动选择以及其他互联网产品或服务提供者同意，也可干扰他人互联网产品或服务的运行，但是，应当确保干扰手段的必要性和合理性。否则，应当认定其违反了自愿、平等、公平、诚实信用和公共利益优先原则，违反了互联网产品或服务竞争应当遵守的基本商业道德，由此损害其他经营者合法权益，扰乱社会经济秩序，应当承担相应的法律责任。"

在第二种思路下，法院不再试图寻找公认的商业道德，而是诉诸一种广泛的利益考量——分析允许或禁止这类行为对当事各方的生产经营、对行业的长期发展、对消费者的长期福利、对国家相关政策的推进落实等各方面的影响。这种广泛的利益考量使得沿循这一思路的法院判决在某种程度上近似于立法者的工作，但我们很难说这是司法的僭越，因为正是我们在用户信息商业化利用领域的立法滞后造成了这一局面，而当下激烈的数据竞争要求法院必须在个案中给出恰当的司法回应，同时这也是《反不正当竞争法》一般条款适应新竞争业态的应有之义。

正如上海知识产权法院在汉涛公司诉百度公司不正当竞争纠纷案中所指出的："商业道德本身是一种在长期商业实践中所形成的公认的行为准则，但互联网等新兴市场领域中的各种商业规则整体上还处于探索当中，市场主体的权益边界尚不清晰，某一行为虽然损害了其他竞争者的利益，但可能同时产生促进市场竞争、增加消费者福祉的积极效应，诸多新型的竞争行为是否违反商业道德在市场共同体中并没有形成共识。"而具有兜底性质的《反不正当竞争法》一般条款，经常要面对这类尚无共识的竞争行为，我们总不能每一次都以不存在公认的商业道德为由拒绝——须知不判断本身已是一种判断，即认为行为未违反公认的商业道德。因此，我们需要站在更宏观、更抽象的角度去理解"商业道德"，将它理解为一种分析问题的方法，而非问题的答案。事实上，行业内潜在的商业道德千千万，一项行为很可能遵循了这一条但却违背了那一条，而法院之所以认可其中一条，不仅因为它更“公认”，还因为它更“合理”。这种合理性分析的过程实际上就是权衡行为对各方利益的影响的过程。换言之，法院在第一种思路下的分析也或多或少地要受到第二种思路的影响。

这一点在本案中表现得尤为明显。表面上看，二审法院选择了第一种思路，即总结出一条公认的商业道德——收集、使用用户信息前需得到用户同意。但二审法院还分析了行为对消费者和对竞争秩序的影响，并直接确认了这一分析在衡量商业道德过程中的地位：“认定竞争行为是否违背诚信或者商业道德，往往需要综合考虑经营者、消费者和社会公众的利益，需要在各种利益之间进行平衡。”因此，淘友公司的行为之所以被认定为构成不正当竞争，侵犯用户的知情权、选择权和隐私权只是一方面，更重要的理由是：如果放任这种以技术能力为限度收集、使用数据的行为，会危害竞争秩序，损害包括经营者和消费者在内的社会整体利益。

四、信息如果通过网络爬虫抓取而得，如何认定其合理性

跳出本案的事实认定，还有一个问题值得关注：如果淘友公司是通过网络爬虫抓取的新浪微博用户的教育信息和职业信息，本案的结论是否会不一样？

网络爬虫是一种自动抓取网站数据的工具，抓取数据的前提是能正常访问目标网站。像新浪微博这样存有大量用户

信息的开放性社交平台是网络爬虫的天然抓取对象，分析此类行为的合法性具有极其广泛的现实意义。

表面上看，微梦公司指控淘友公司通过网络爬虫抓取数据，而淘友公司辩称自己是通过 Open API 获取数据，似乎后者对淘友公司更有利。既然在后一种情况下淘友公司的行为都构成不正当竞争，那么在前一种情况下其行为更应该被认定构成不正当竞争。但事实并没有这么简单。新浪微博用户的个人信息可以分为两大类：一是头像、名称、性别和个人简介，强制向所有人公开展示。二是其余的个人信息，用户可以自主选择公开范围。其中，用户的教育信息和职业信息被默认设置为对所有人公开，这意味着有不少新浪微博用户的教育信息和职业信息是公开的，这也是淘友公司可能通过网络爬虫抓取数据的基础。如果淘友公司是通过网络爬虫而非 Open API 获取数据，则其行为自然不受《开发者协议》的约束——《开发者协议》是用来约定使用 Open API 的权利和义务的，那么《开发者协议》中的平台授权要求和用户同意要求自然也对淘友公司无效，前文提到的法院的许多论证也就失去了基本前提，我们不得不重新审视淘友公司行为的正当性。

考虑到对于用户信息的抓取的性质，应当考虑以下维度：

首先考虑用户信息是否属于可公开获取。如果用户信息不能被公开获取，那么应当考虑获取用户信息可能整体构成侵犯用户隐私及平台商业秘密的可能性，另外需要考虑是否存在非法获取计算机信息系统数据罪的可能。因此，对于未公开数据的抓取，取得平台的相关授权是合规的重要方面。

其次考虑是否存在相应的 Robots 协议的限制。对于公开数据的抓取，一方面要考虑在抓取公开用户信息的过程中是否遵守了平台设置的 Robots 协议，另一方面要考虑是否经过平台的许可，因为平台对用户信息的使用已经过用户授权，同时经过平台的运营与积累，平台应当对其合法来源的用户信息享有权益。

五、对信息的使用，是否因提供同质化服务而有不同定性

信息的特殊属性使得信息一经知悉即自动享有，因此公开信息意味着放弃对信息的独占。考虑到当下数据竞争的激烈程度，如果没有复杂技术壁垒作为保障，信息公开者没有理由对已公开的信息抱有独占性期待，故一般认为不可以再对公开信息主张权利，禁止他人使用。换个角度思考，公开信息只意味着主体放弃了信息的私密性，但主体的其他权益并没有被放弃。信息公开的目的固然是让公众知晓信息，但它也可能是一种为实现特定目标的妥协，用户或平台一方面希望信息被他人获悉，另一方面又不希望信息被他人不当地利用。例如，用户可能不希望自己公开的信息被用来绘制用户画像而遭受广告骚扰，平台也不希望自己公开的信息被对手复制以用来争夺用户。当然，用户或平台不希望发生不代

表法律就应该去禁止，但这至少说明公开信息的使用同样要接受法律分析——那些不因为主体公开信息而放弃的权益能否限制特定的信息使用行为。

这些权益与其说是主体对于信息的权益，不如说是和信息有关的固有的消极性权益，如用户的隐私权、经营者的公平竞争权等。其中，隐私权是人格权，专属于用户，平台经营者只能主张公平竞争权。即竞争对手使用公开信息的“搭便车”行为，避开了信息积累的必要成本，不公平地获取了竞争优势，不利于之后行业内的数据收集和公开，最终损害了全体经营者和消费者的利益。

理解《反不正当竞争法》所追求的竞争秩序，应站在促进市场长期健康发展的角度。一方面，我们要促进信息尤其是公开信息的自由流通和充分开发，让信息创造更多的价值；另一方面，我们也要维护信息收集和公开的激励机制，保障有源源不断的信息供给。关于这对矛盾应如何平衡，上海知识产权法院在汉涛公司诉百度公司不正当竞争纠纷案中建立了一套通用的分析框架。首先，分析信息使用行为创造的价值；其次，分析信息使用行为是否超过必要的限度（是否有对平台损害更小而同样能创造一定价值的方式）；最后，分析信息使用行为对市场长期发展的影响。法院之所以最终认定百度公司的行为构成不正当竞争，原因就在于百度公司使用信息的行为仅仅方便了用户获取这些信息，并没有创造更多价值；而百度公司在方便用户获取信息的同时，阻碍了用户从汉涛公司旗下的大众点评网处获取信息，严重损害了汉涛公司的利益，且百度公司明显可以采取损害更小的方式。另外，这种行为还会使得其他经营者不愿意投资收集数据，从而破坏了产业生态。可见，对信息的使用是否属于提供同质化服务是区分行为是否构成不正当竞争的一项重要因素。因为提供同质化服务往往意味着创造的价值较少，意味着创造的价值要建立在对对方的损害之上，意味着对经营者收集、公开数据的积极性伤害更大。

回到本案，淘友公司使用新浪微博用户的个人信息为脉脉用户梳理人脉关系，提高了服务质量和用户体验。虽然用户也可以通过新浪微博的好友列表浏览或查询自己的人脉关系，但脉脉的功能显然更针对用户需求，使用更方便，信息也更丰富。虽然新浪微博和脉脉的社交功能有所重叠，淘友公司使用新浪微博用户的个人信息也确实会抢占新浪微博的用户资源，但其对信息的使用是为了提供不同侧重的、有一定差异的服务。至于这种差异是否足够大，能带来何种法律效果，还有待进一步的研究。但毫无疑问的是，需要建立一种衡量服务差异性或创新性的门槛，以区分那些真正推动行业进步的创新和引发恶性竞争的“搭便车”行为。当然，是否提供同质化服务只是问题的一个方面，判断行为是否构成不正当竞争还需在一般条款的分析框架下进行。

六、用户同意就能免责吗

最后，我们来聚焦用户同意在本案中所扮演的角色。二审法院在说理部分反复强调了用户同意对于收集、使用用户信息的重要性，并援引了《消费者权益保护法》《关于加强网络信息保护的决定》，甚至援引了欧盟《通用数据保护条例》(GDPR)、美国《消费者隐私权法案》(Consumer Privacy Bill of Rights) 等文件作为论据。但本案并不是用户起诉淘友公司侵犯知情权、选择权或隐私权，而是微梦公司起诉淘友公司实施不正当竞争。联想到近年来顺丰与菜鸟、华为与微信等数据纠纷，当事双方往往都对“保护用户隐私与数据安全”“用户数据属于用户”等内容加以保护，不免给人一种在纯粹商业纠纷中打“用户牌”的感觉。然而，在《反不正当竞争法》的体系下，这种做法有着另一层更深刻的法律原因。前文提到，行为对消费者利益的影响也是判断行为是否违背商业道德的重要考量因素。因此，打“用户牌”不仅仅是企业用来争取舆论支持、维护企业形象的手段，而且其本身也具有独立的司法意义，这更有利于激励企业在市场竞争中更多地考虑消费者利益，而这也是不正当竞争之诉与侵权或违约之诉的一个重要区别。

然而，用户同意的作用也不能被无限夸大。以淘友公司收集、使用新浪微博用户教育信息和职业信息的行为为例，一方面，该行为超出了微梦公司许可的数据收集范围；另一方面，该行为得到了用户的授权。那么这种行为是否构成不正当竞争呢？换言之，用户有没有权利不经平台同意而要求平台向第三方提供数据呢？

本案中，法院虽然没有具体判断该行为是否构成不正当竞争，但提出了 Open API 开发合作模式中的一般原则——第三方通过 Open API 获取用户信息时应坚持“用户授权”＋“平台授权”＋“用户授权”的三重授权原则。根据这一原则，用户显然没有要求平台向第三方提供数据的权利。这意味着，平台上的用户数据不仅仅属于用户，用户虽然可以向第三方重复提交相同的数据，但平台没有主动提供的义务。

在淘宝“生意参谋”案中，杭州互联网法院给出了详细的说理：首先，网络运营者与网络用户之间系服务合同关系。网络用户向网络运营者提供用户信息的真实目的是为了获取相关网络服务。网络用户信息作为单一信息加以使用，通常情况下并不当然具有直接的经济价值，在无法律规定或合同特别约定的情况下，网络用户对于其提供于网络运营者的单个用户信息尚无独立的财产权或财产性权益可言。其次，鉴于原始网络数据只是对网络用户信息进行了数字化记录的转换，网络运营者虽然在此转换过程中付出了一定劳动，但原始网络数据的内容仍未脱离原网络用户信息范围，故网络运营者对于原始网络数据仍应受制于网络用户对于其所提供的用户信息的控制，而不能享有独立的权利，网络运营者只能依其与网络用户的约定享有对原始网络数据的使用权。

事实上，杭州互联网法院也只说了道理的一部分。对于单条用户信息，平台固然只付出了数字化记录的简单劳动，但平台并非只收集一两个用户的信息，对于众多用户信息组成的庞大集合，平台所付出的劳动就远不止杭州互联网法院所说的这点，还包括：为了收集用户信息而搭建平台、推广宣发的成本，为了存储用户信息而购置服务器、存储设备的成本，为了维护用户信息而持续投入的人工和物料成本等。这些劳动不仅给平台带来了经济效益，还为用户提供了免费优质的服务，拉动了相关产业的繁荣，理应得到法律的认可并获得相应的保护。如果用户可以强令平台向第三方提供信息，则平台会平添一笔不小的负担，而第三方则会节约大量成本。一旦这种行为赋予第三方不合理的竞争优势，则无疑会严重打击平台收集、维护用户数据的积极性。

维护消费者利益的关键在于如何维护，消费者既希望获得更充分的对个人数据的支配权，也希望获得更优廉的基于个人数据的服务。正如不少消费者会在隐私与便利之间选择后者，何况拒绝向第三方提供数据还不涉及消费者隐私。我们必须清醒地认识到，平台的竞争利益是和消费者利益、社会整体利益紧密联系在一起的。在此基础上，我们才能客观地分析特定的数据竞争行为正当与否。

在数据商业利用规则尚不明晰的情况下，通过《反不正当竞争法》的一般条款解决市场中出现的商业纠纷是一条可行之路。虽然分析行为是否违背公认的商业道德需要权衡各方利益，难度较高，很考验法官的水平，也带有一定的主观性和不确定性，可能会出错，但这些成本终究是无法省略的——法官不做，立法者也要做，而立法者作判断的条件未必就比法官更好。对于我们所追求的理想的数据商业利用规则，法官的意见虽然只是一个初步的答案，但它提供了一个研究、探讨、修正的对象，这份珍贵的素材值得我们所有人学习和借鉴。

第七章

数据控制权、关系链及数据可携权：“头腾案”的三重门

□ 何　渊

在古希腊神话里，阿喀琉斯被称为“希腊第一勇士”，在特洛伊战争中，他英勇作战，攻无不克。原来，为了保护自己的儿子，海神之女忒提斯在阿喀琉斯出生时将其浸入冥河中洗礼，使其变得刀枪不入。但是，在冥河洗礼时，因河水湍急，忒提斯捏着阿喀琉斯的脚后跟不敢放手，致使脚后跟没有浸入冥河而成为阿喀琉斯的唯一软肋。太阳神阿波罗抓住了阿喀琉斯的弱点，一箭射中他的脚踵，阿喀琉斯最终不治而亡。后来，人们常常把“阿喀琉斯之踵”比喻成“强大英雄的致命死穴”。

腾讯公布的“2018 年第三季度业绩”显示，QQ 月活跃账户数达 8.03 亿，智能终端月活跃账户达 6.979 亿，微信及 WeChat 月活跃账户达 10.825 亿。毫无疑问的是，腾讯系的微信/QQ 就像阿喀琉斯一样强大，强大到几乎不可能被任何

对手打败，但微信/QQ到底是否存在"阿喀琉斯之踵"呢？从腾讯诉抖音、多闪案（由于抖音、多闪均为今日头条母公司字节跳动旗下产品，所以本案又称"头腾案"）来看，对用户数据及其关系链的控制权也许正是微信/QQ的致命"脚踵"，让我们来看看到底是怎么回事吧！

一、"头腾案"裁定书："数据特洛伊之战"的开端

（一）案情概要

2016年9月和12月，抖音先后与QQ及微信等开放平台通过Open API进行合作。目前已通过腾讯账号登录过抖音的存量微信用户有2.8亿，QQ用户则有5250万。2019年1月，腾讯停止为新增用户提供抖音的微信/QQ登录授权，这正是"头腾大战"的起因。而2019年3月19日的多闪弹窗事件则是"头腾大战"的导火索。在该起事件中，多闪通过弹窗通知用户，称腾讯禁止多闪使用用户本人的微信头像、昵称。

当天，腾讯即表示，针对抖音和多闪的不正当竞争及侵犯用户合法权益的行为，已向法院提起诉讼并申请了行为禁令。腾讯认为，抖音擅自将腾讯通过开放平台提供给抖音的账号授权登录服务、来源于开放平台的微信/QQ头像和昵称转而提供给未获得腾讯授权的多闪，这是不合法和不正当的。对此，腾讯在官网上发表了四点声明：

（1）抖音违反诚信原则超范围和违规使用来源于微信/

QQ的用户头像、昵称等数据，并擅自将腾讯提供给抖音的微信/QQ账号授权登录服务提供给多闪使用。

（2）抖音违反开放平台用户协议、商业道德以及相关法律，将来源于微信/QQ开放平台的微信/QQ头像、昵称等数据提供给多闪使用。

（3）更为严重的是，在用户仅注册了抖音但未注册多闪的情况下，多闪仍然非法从抖音获取了用户的微信/QQ头像、昵称。

（4）对用户个人信息的获取和使用必须遵循“合法、正当、必要”原则和三重授权原则。抖音和多闪的行为，严重侵犯了开放平台共享数据的安全，更直接侵犯了用户的合法权益。

多闪当晚回应称，多闪的基本立场是“用户的数据，无论是在哪个平台上，毫无疑问都是属于用户的”，并在官网上也发表了四点声明：

（1）作为抖音短视频推出的社交产品，多闪用户的头像、昵称是来源于抖音的，而且是在用户明确授权后才从抖音同步的。

（2）抖音于2016年12月接入微信开放平台，启用微信账号授权登录功能。抖音用户使用微信/QQ账号登录时，抖音会跳出弹窗，明确取得用户授权同意，根据《微信开放平台开发者服务协议》《QQ互联开放平台开发者协议》，获取用户头像、昵称。

(3) 多闪是抖音短视频推出的社交产品，用户在使用抖音账户登录多闪时，会弹出窗口，明确经用户授权同意，获取用户在抖音上的头像、昵称。

(4) 多闪是抖音私信功能的升级版，二者业务场景密切相关（私信互通），为满足用户需求，经过用户主动明示授权敏感信息（好友关系、私信），是符合国家标准《信息安全技术 个人信息安全规范》的要求的。

针对腾讯提起的诉讼及保全申请，2019 年 3 月 20 日，天津市滨海新区法院对抖音和多闪下达了禁令裁定书，但该裁定书并非最终判决，本案目前仍在审理当中。

（二）裁定要点

滨海新区法院的裁定内容如下：

(1) 抖音立刻停止在抖音中向抖音用户推荐好友时使用来源于微信/QQ 开放平台的微信用户头像、昵称，直至本案终审法律文书生效。

(2) 抖音立刻停止将微信/QQ 开放平台为抖音提供的已授权微信/QQ 的登录服务提供给多闪使用（裁定生效前已通过微信/QQ 账号登录过多闪的账号除外），并不得以类似方式将其提供给抖音以外的应用使用，直至本案终审法律文书生效。

(3) 抖音、多闪立刻停止在多闪中使用来源于微信/QQ 开放平台的微信用户头像、昵称，直至本案终审法律文书生效。

二、数据控制权："头腾案"的一重门

"头腾案"的争议焦点是对用户数据及其关系链的控制权，即多闪是否能通过微信/QQ开放给抖音的Open API端口整体性获得用户的头像、昵称，以及借此进一步获得好友关系等关系链，而并非媒体热炒的用户数据的权利归谁所有，这是两个完全不同的问题。

总之，本案的争议焦点并不在于对数据的获取，而在于抖音合法获取数据后对数据的使用是否合理、适当。具体表现为抖音和多闪在向用户推荐好友时对其获取的微信/QQ用户头像、昵称的使用问题以及其行为是否构成不正当竞争等问题。

（一）争议焦点

在审理过程中，腾讯主张抖音和多闪涉嫌四项不正当竞争行为，而抖音和多闪一一辩解，法院也进行了相应的回应。

1. 抖音是否有权在"推荐好友功能"中使用源自腾讯开放平台的用户信息

腾讯主张，抖音向其用户推荐好友时使用来源于微信/QQ开放平台的微信/QQ用户头像、昵称等微信/QQ数据，不具有合法性和正当性。腾讯提供的公证书反映，抖音向用户推荐好友以扩充关系链时，未经微信/QQ平台及用户同意，超范围使用了其通过微信/QQ开放平台授权服务中获取的用户头像、昵称等数据。抖音辩称，抖音产品在推荐好友

时使用微信/QQ用户头像、昵称取得了用户授权同意。一方面，抖音会为用户同步生成新的抖音账户，这部分信息与开放平台没有关系，抖音经用户授权可以自主使用；另一方面，微信/QQ用户的头像、昵称等个人信息归属于用户，微信/QQ平台对此不享有相应权利，且用户对于抖音使用其相关信息均是明确和充分知晓的。

就此，法院认为，本案的争议焦点在于抖音产品在向用户推荐好友时对其获取的微信/QQ用户头像、昵称的使用问题，而非设置推荐好友的功能是否合法、正当。

法院进一步认为，确保开放平台共享数据的安全、保障用户合法权益不被侵害，既是开放平台模式具有合法性的前提，也是平台经营者对外提供开放服务的要求。但抖音设置推荐好友的功能，系其对来源于开放平台的相关数据的再次使用，显然已超出授权登录的使用目的和使用范围，且显示使用头像、昵称等便于身份识别的用户个人信息时，亦没有获得用户的二次授权，该行为既违反了其与平台之间的约定及有关法律对网络经营者所规定的保护个人信息的义务，也侵害了用户的选择权、知情权和隐私权等合法权益，不具有正当性。

2. 抖音是否有权将源自腾讯开放平台的用户信息擅自转授权给多闪

腾讯主张，未经腾讯同意，抖音擅自将微信/QQ开放平台授权抖音产品使用的登录服务提供给多闪产品使用，不具有合法性和正当性。腾讯提供的公证书反映，多闪调用抖音登录的功能要依赖于抖音拉起微信/QQ产品的授权登录页面，并在授权登录抖音后再授权给多闪。抖音则辩称，多闪产品使用抖音账号登录的行为取得了用户授权同意，未调用微信/QQ开放平台接口，无须取得腾讯的授权同意。同时，多闪仅为抖音产品中私信功能的升级版，其基本功能是实现与抖音的社交功能互通。

就此，法院认为，根据开放平台开发者协议，抖音在明知相关规定的情况下，仍然将其获得的微信/QQ授权登录服务再行提供给多闪产品使用，显属不当。法院还认为，多闪在明知抖音无权提供相关服务的情况下，通过登录抖音并以抖音授权的名义，实际上达到通过微信/QQ账号登录多闪的效果，同时可以通过抖音获取微信/QQ用户的相关信息，实现多闪与抖音之间的信息互通，亦属不当。

3. 多闪是否有权擅自使用来源于腾讯开放平台的用户信息

腾讯主张，多闪未经开放平台及用户同意，擅自使用来源于开放平台的微信/QQ用户头像、昵称等用户信息，不具有合法性和正当性。根据腾讯提供的公证书，多闪在向其用户推荐可能认识的人时，使用了其他人的微信/QQ头像、昵称以扩充自身的关系链，并且被推荐的人中存在从未注册登录过多闪的用户。多闪则辩称，多闪本身就是为更好地实现与抖音用户进行信息互通而设计的一款产品，多闪向用户推荐的好友若不是多闪用户，则一定是抖音用户。因此，多闪使用的微信/QQ用户头像、昵称来源于抖音账号，并取得了用户授权同意，和腾讯无关。

就此，法院认为，多闪正处于积累用户的推广期，其在与微信/QQ平台没有直接数据交换的情况下，凭借与抖音信息互通的便利，获取并使用相关数据以扩展自身用户的行为，不具有合法性、正当性。同时，从抖音的角度看，多闪的行为与抖音行为的本质和实现方式并无不同，都是对来源于微信/QQ开放平台的用户信息等数据的使用，唯一区别是将数据用于自己的产品还是提供给第三方，因此，基于与抖音行为同样的理由，多闪的行为也不具有正当性。

4. 多闪设置邀请好友等功能是否具有正当性

腾讯主张，多闪利用和复制微信/QQ用户的好友关系、群关系来扩充和壮大其自身的用户网和好友关系链，不具有合法性和正当性。根据腾讯提供的公证书，多闪设置了邀请QQ好友、邀请微信好友、一键邀请群好友功能按钮，诱导用户邀请微信/QQ好友使用多闪、注册抖音以及迁移微信/QQ群关系及好友关系等。多闪则辩称，多闪设置邀请微信/QQ好友等功能属于自主经营权，不构成对腾讯的不正当竞争。

就此，法院认为，多闪在"添加好友"项下除设置有ID/手机号、扫描二维码这两种方式外，其余几种方式均直接指向了腾讯经营的微信/QQ产品，且在具体实现过程中的口令文本里使用了"这是一个神奇的暗号，可以在多闪找到我，一起来体验更新更好玩的聊天 App 吧”等比较性宣传用语，有不当利用微信/QQ 产品积累的用户资源为自身增加竞争优势之嫌。

（二）初步结论

对于抖音/多闪的行为是否构成不正当竞争，法院从以下四个方面进行了论证：

1. 腾讯和头条系是否存在竞争关系

法院认为，抖音/多闪与微信/QQ 在产品功能内容、消费群体等方面存在交叉重合，核心功能基本相同。同时，这两类产品的运营都是以用户流量为基础，注重用户关系的培养、用户体验的优化及用户信息的使用等，因而可以认定两者之间存在竞争关系。

2. 腾讯的请求是否具有事实基础和法律依据

法院认为，用户信息已成为社交网络平台的核心财富和重要的竞争资源，如何获取、使用用户信息也是经营活动的重要内容。尽管用户对其提交的头像、昵称等个人信息依法享有相应的权利，但微信/QQ 平台通过协议，在用户同意的情况下，在保证用户隐私权等合法权益不被侵害的前提下，对基于自身经营活动收集并进行商业性使用的用户数据整体同样享有合法权益。同时，平台亦负有保护用户信息等数据安全的责任。因此，腾讯的请求具有事实基础和法律依据。

3. 抖音/多闪的行为是否具有不当性

法院认为，本案的争议焦点并不在于对数据的获取，而在于抖音/多闪合法获取数据后对数据的使用是否合理、适当。对此，法院整体考量了以下三个因素：首先，腾讯不仅有权通过接入审核机制选择向什么样的第三方应用开放数据，亦有权通过制定开发者协议及平台管理规范等，确立、限制其所开放的数据范围，以及第三方应用获取数据的使用方式、使用范围等。其次，开放平台数据共享的合法性，不仅需要开放平台经营者的合法授权，而且需要保障用户的知情权、选择权和隐私权。第三方通过 Open API 获取用户信息时应坚持新浪微博诉脉脉案二审判决书确定的"用户授权"+"平台授权"+"用户授权"的三重授权原则。该原则已成为开放平台领域网络经营者应当遵守的商业道德。最后，判断抖音/多闪获取数据后的使用行为是否正当、合理，用户权益也是需要考虑的核心要素。

4. 抖音/多闪的行为是否会损害竞争秩序

法院认为，微信/QQ 产品拥有很高的品牌价值和庞大的用户群体，其积累的包括具有身份识别作用的头像、昵称等用户信息，已成为可以为其带来竞争优势的商业资源。同时，微信/QQ 为积累用户头像、昵称、地区、好友关系等相关数据付出了大量的人力、物力和财力，上述用户信息是其劳动成果。而作为与腾讯存在竞争关系的网络经营主体，抖音/多闪的行为不仅直接损害了腾讯对用户信息享有的合法权益，也侵害了用户的知情权、选择权、隐私权等合法利益，从长远角度看，还有可能对开放平台行业的市场竞争秩序造成不良影响。

综上，法院认为，腾讯针对抖音/多闪请求法院采取保全措施的前三项行为，存在构成不正当竞争的较大可能。

三、关系链："头腾案"的二重门

在裁定书中，腾讯的诉讼请求涉及"关系链""好友关系""用户网"或"群关系"等相关概念高达10次以上，如腾讯试图通过公证书证明，多闪通过"邀请QQ好友""邀请微信好友""一键迁移微信/QQ群"等功能，诱导和指示其用户通过向微信/QQ产品中的好友或好友群发送邀请好友和建群口令，可以实现用户在多闪产品中成为好友或在多闪产品中加入群聊的效果，利用和复制微信/QQ的好友关系、群关系来扩充和壮大其自身的用户网和好友关系链。

那么，腾讯系的微信/QQ和头条系的抖音/多闪到底在争夺什么呢？相较于失去对单个的用户头像、昵称等数据的控制权，腾讯事实上更担心的是对微信/QQ的用户网和好友关系等数据链失去控制，着力避免的是头条系产品基于对用户头像、昵称等数据的控制，通过"推荐功能"等形式大规模或完整地拷贝微信/QQ的数据链，防止用户等核心资源的大规模流失。从这个意义上讲，腾讯的真正利益诉求是强调同时对关系链和用户数据的实质控制力，保证产品的核心竞争力。

事实上，我们不能割裂"用户头像、昵称等数据"与

"用户网和好友关系等数据链"之间的关系。正如洪延青在微信公众号"网安寻路人"中撰文所写的那样，"用户在社交平台上的粘性，很大程度上取决于用户的社交关系是不是在这个平台上。因此，新的社交平台为了迅速积累用户，有天然的动机从别的社交平台将其社交关系成建制地复制到自己平台之上。而复制到自己平台之上有两个步骤：一是将推荐准确地送达至用户面前；二是尽可能地促使用户接受这个推荐"。而步骤一成功的关键是控制用户网和好友关系等数据链，而步骤二成功的关键是控制用户头像、昵称等数据。

由此看来，在人工智能和大数据蓬勃发展的时代，一旦腾讯失去了对用户头像、昵称等数据的控制权，用户网和好友关系等数据链也很有可能随之失控，大规模流失用户也许将不可避免。因此，"用户头像、昵称等数据"与"用户网和好友关系等数据链"对腾讯同样至关重要，甚至是攸关生死的事情。

那么，腾讯对微信/QQ 用户的头像、昵称等数据与用户网和好友关系等数据链的控制是否应当得到法律的保护呢？答案是肯定的，理由是腾讯为此付出了大量的人力、物力和财力，上述用户数据和数据链是其劳动成果，是腾讯立足市场的重要核心资源。这一点在新浪微博诉脉脉案及大众点评网诉百度案中都得到了法院的确认和支持。天津市滨海新区法院的裁定书事实上也认可了这一点："微信产品和 QQ 产品（简称微信/QQ 产品）属于申请人经营的知名产品和服务，通过申请人投入巨大资源辛苦经营和持续付出赢得了数以亿计的用户，享有极高的品牌影响力和良好商誉，同时，在微信/QQ平台上产生和积累了大量的用户头像、昵称、地区、好友关系等相关数据，是申请人微信/QQ等产品开展经营活动，进行市场竞争的核心商业资源。”

基于此，滨海新区法院进一步认为，新浪微博诉脉脉案中的授权规则对本案依然有效，即第三方平台通过Open API获取用户信息时应坚持“用户授权”+“平台授权”+“用户授权”的三重原则。从这个意义上说，由于未经上述三重授权，多闪并不能合法合理地从微信/QQ的开放平台一次性获得整体性用户数据以及由此形成的数据链。

四、数据可携权：“头腾案”的三重门

（一）数据可移植性原则与数据可携权

2019年3月30日，Facebook创始人扎克伯格（Mark Zuckerberg）在《华盛顿邮报》上撰文，他认为，为了应对社会面临的更广泛威胁，“政府和监管机构需要发挥更积极的作用”。扎克伯格进一步认为，需要在数据可移植性、选举完整性、有害内容和隐私等四个方面出台新的法律规范。

扎克伯格特别强调通过立法的方式保证数据可移植性原则。他认为，如果你与某项服务共享数据，你应该能够将其转移到另一个服务上。这给人们提供了选择，并使开发人员能够进行创新和竞争。这对于互联网和创建人们想要的服务

都很重要。真正的数据可移植性应该更像人们使用 Facebook 的平台登录应用程序的方式，而不是现有的下载信息存档方式。但这需要明确规定，当信息在服务之间移动时，谁负责保护信息。在这方面还需要制定公共标准，这就是为什么 Facebook 支持标准数据传输格式和开源数据传输项目的原因。而数据主体的数据可携权是数据可移植性原则的最集中体现。

那么，数据主体的数据可携权和数据可移植性原则为何应当得到法律的尊重和支持呢？毫无疑问，法律对已有数据控制者权益的保护，并不能改变个人数据的权属，更不能因此否定数据主体的权益。事实上，数据主体应当被赋予更多的数据自决权，即有权自由地管理和控制自己的个人数据，具体表现为数据可携权，包括数据副本获取权和数据转移权。

据此，一方面，法律应当赋予数据主体从已有数据控制者处获得个人数据副本的权利，并有权将其存储在云端并随时调用。例如，Facebook 提供了个人数据的下载入口，供用户下载。另一方面，法律应当赋予数据主体有权将其个人数据无障碍地转移至新的控制者，并授权后者有偿或无偿使用，已有控制者不能拒绝。例如，腾讯的用户有权自主决定是否将其在微信及 QQ 上的用户头像、昵称等数据转移至头条系等其他数据控制者。

（二）欧盟 GDPR 意义上的数据可携权

根据《通用数据保护条例》（GDPR）前言第 68 项和正文第 20 条的规定，本书对数据可携权总结如下：

1. 数据可携权的构成要件

其一，形式要件。必须是以结构化的、通用的、机器可读的、能共同操作的格式存储的个人数据；必须是与数据主体有关的数据，包括能链接到数据主体的假名化数据，但不包括不能识别数据主体的匿名化数据；必须是数据主体已经提供给数据控制者的数据，也包括数据主体通过服务或设备提供的观察数据，如可穿戴设备收集的个人生理数据等。

其二，合法要件。当数据主体已经对基于一个或多个具体目的而处理其个人数据的行为表示同意时，或者履行数据主体为一方当事人的合同或在订立合同前为实施数据主体要求的行为进行必要的数据处理时，或者通过自动化方式进行数据处理时，数据主体有权将这些数据转移给其他数据控制者，原数据控制者不得进行阻碍。

2. 数据可携权的范围

其一，数据可携权的行使，不应对他人权利和自由产生不利影响，比如数据中包含第三方个人数据以及知识产权、商业秘密等特殊情况。

其二，数据可携权的行使，不应成为阻碍数据主体行使GDPR 第 17 条下的删除权（被遗忘权）的理由，更不能成为数据控制者用作延迟或拒绝这种删除的理由。

其三，数据可携权的行使，不适用于数据控制者出于为公众利益而执行任务所需或者数据控制者为行使其法定职责而进行的数据处理的情况。

其四，数据可携权的行使，不应当对数据控制者产生采用或者维护技术性兼容处理系统的义务，数据控制者有义务不设置传输障碍，在技术上可行时直接向其他数据控制者传输便携式数据。

（三）新的数据控制者合法合规性的实现

基于欧盟 GDPR 的经验，为了在已有数据控制者（如腾讯）、新的数据控制者（如头条系）及数据主体（用户）之间实现对数据控制权的配置及利益平衡，也为了实现数据共享、流通与数据权利保护的平衡，新的数据控制者必须合法合规地获得和控制用户的个人数据。具体步骤包括：

其一，数据主体（用户）基于个人数据副本获取权，从已有数据控制者（如腾讯）处获得并存储个人数据副本。

其二，数据主体（用户）基于个人数据转移权，通过"明示同意"的方式单独将其个人数据转移至新的数据控制者（如头条系）。

其三，基于保护已有数据控制者（如腾讯）权益的需要，如无正当理由，新的数据控制者（如头条系）无权通过 Open API 等开放平台一次性或整体性获得已有数据控制者的用户数据及由此产生的数据链。

五、实现数据保护和数据流通的平衡

财产性权利从来都只是手段，而非目的。要想打破数据市场的垄断，促进中国数字经济快速、健康发展，必须对数据财产性权利进行改造，实现个人数据在不同数据控制者之间的合法移转。

在大数据时代，将传统的所有权理论适用于数据法领域已不合时宜。在已有数据控制者（如腾讯）、新的数据控制者（如头条系）及数据主体（用户）之间实现对数据及数据关系链的控制权的配置及利益平衡，实现数据共享、流通与数据权利保护的平衡，才是解决问题的关键。

第八章

以技术为名，慷他人之慨：大众点评网案与 LinkedIn 案

□ 宁宣凤　吴　涵

网络的普及彻底改变了现代人的生活方式。从清晨到日暮，从商务工作到娱乐休闲，互联网的影响层层渗入、无处不在，它打破了空间的阻隔，跨越了时间的维度。在信息时代，一方面，人们在互联网上寻找、获取和接受着海量信息，享受着互联网带来的高效和快捷；另一方面，人们也在互联网上主动、积极地分享生活细节，发表看法、评论。

正如卞之琳在《断章》中所说："你站在桥上看风景，看风景的人在楼上看你。明月装饰了你的窗子，你装饰了别人的梦。"网络的极强交互性使得你在浏览互联网上触手可及的信息的同时，你的信息也正在被分享、被使用、被分析。无论是出于记录生活、彰显个性、引起关注还是其他目的，这些被人们主动公开的数据借由互联网的互联互通的公开属性，能够便捷地被大量好友、关注者甚至是陌生人所浏览、阅读。

毋庸置疑，在大数据时代，各类信息蕴含着丰富的商业价值，一场围绕数据的竞争角力拉开帷幕并愈演愈烈，纷争也接踵而至。这些信息到底为谁所有、为谁所用？公平竞争规则又将如何界定？

有人将数据比作未来的石油，不难想象，数据背后的巨大价值将成为企业展开竞争的宝贵资源。数据之战已经打响。而下文所讨论的汉涛公司诉百度案（下称“大众点评网诉百度案”或“大众点评网案”）与 hiQ 诉 LinkedIn 案，则将争议核心聚焦于如何利用公开的用户数据。

随着我们步入互联网＋时代，互联网正推动着各个行业不断发生变革，原有的社会经济结构被打破，人们的生活方式也因为互联网发生着日新月异的变化。而就在这张史无前例、覆盖全世界各个角落的巨大互联网之上，活跃着无数只小小的“网络蜘蛛”（web spider）。

网络蜘蛛，又称“网络爬虫”（web crawler），是一种按照一定的规则，自动地抓取万维网信息的程序或者脚本。网络爬虫如它的名字一般，爬行至网络的各个角落，抓取各类数据。

当然，网络爬虫的所行之处并不总是鲜花与掌声，网络管理者们对来路不明的爬虫随意抓取自己的数据往往心怀抵触。几乎是与爬虫技术诞生的同时，反爬虫技术也应运而生。除了技术的较量之外，随着互联网的发展，1994 年，在爬虫的世界里诞生了 Robots 协议（又称“爬虫协议”）。Robots 协议是现今国际互联网界通行的道德规范，作为网络爬虫访问网站时要查看的第一个文件，网站通过 Robots 协议告知爬虫哪些页面可以抓取，而哪些页面则“闲人免进”。在互联网的世界中，Robots 协议“防君子却难防小人”，遵守 Robots 协议老老实实抓取数据的爬虫被认为是“好爬虫”，而无视规则任意抓取数据的爬虫则会被贴上“坏爬虫”的标签。

然而，在大数据时代，数据的巨大价值令网络运营者们呼唤着更加清晰明确的数据收集和使用秩序。在 Robots 协议之上，人们对于如何才能成为一只“好爬虫”也从《反不正当竞争法》《反垄断法》等法律法规的层面提出了更严苛的要求。

一、由用户点评引发的争议——大众点评网诉百度案

汉涛公司所经营的大众点评网创建于 2003 年，是中国领先的本地生活信息及交易平台，也是全球最早建立的独立第三方消费点评网站。

作为一家致力于为网络用户免费提供商户信息、消费评价、优惠信息、团购等服务的网站，通过长期的经营，大众点评网上已累积了大量的商户信息，并通过吸引消费者真实体验、发布评论而累积了大量网络用户对商户的点评。用户评论通常包括商家环境、服务、价格等方面的信息，并可附上照片。

这些公开的点评信息不但吸引着互联网用户来大众点评

网阅读、浏览，同时也默默地吸引来了嗅觉敏锐的网络爬虫们。

在众多爬虫之中，有一群来自百度的网络爬虫。它们是一群遵守规则的“好爬虫”，当其爬行至大众点评网后，第一步先老老实实地访问了大众点评网上的 Robots 协议（http：//www. dianping. com/robots. txt）。鉴于该协议并未对百度搜索引擎抓取大众点评网用户的点评信息进行任何限制，爬虫们方才开启了抓取工作。

这些被抓取的数据之后被百度纳入旗下的百度地图等产品之中。百度地图除了提供定位、地址查询、路线规划、导航等常用地图服务外，还为用户提供商户信息查询、团购等服务。当网络用户使用百度产品进行搜索时，既可以通过关键字搜索商户，也可以先定位当前地址，然后通过附近商户列表查找商户。在商户页面中，百度会向用户提供商户地址、电话、用户点评等信息。对于其中餐饮类商户，其搜索出来的点评信息显示了大量爬虫的劳动果实，即来源于大众点评网的点评，而直接由百度用户撰写的点评数量却不多。这些点评信息中，来源于大众点评网的点评为原封不动地复制，同时标注了“大众点评”标识，并且在点评后设置了指向大众点评网的链接。除百度地图外，用户在百度知道中搜索餐饮商户名称时，百度也会提供来自大众点评网的点评信息。

2017 年，汉涛公司就百度利用爬虫技术手段抓取，并在百度产品中大量显示大众点评网上的点评信息，以不正当竞争为由将百度告上了法庭。

1. 一审法院：大量、全文使用点评信息不具有正当性

一审法院认为，涉及信息使用的市场竞争行为需要充分尊重竞争对手在信息的生产、收集和使用过程中的辛勤付出。对于判断相关信息使用的竞争行为是否具有不正当性，应当考虑以下四个方面的因素：(1) 信息是否具有商业价值，能否给经营者带来竞争优势；(2) 信息获取的难易程度和成本付出；(3) 对信息的获取及利用是否违法、是否违背商业道德或损害社会公共利益；(4) 竞争对手使用的方式和范围。

首先，一审法院肯定了点评信息的商业价值，认为点评信息是汉涛公司的核心竞争资源之一，能为其带来竞争优势。潜在的消费者可以通过点评获取有关商户服务、价格、环境等方面的真实信息，帮助其在同类商家中作出选择。其次，点评信息需经过长期经营积累，点评类网站很难在短期内积累足够多的用户点评，而汉涛公司为运营大众点评网付出了巨额成本。再次，点评信息由网络用户自愿发布，大众点评网“获取、持有、使用”点评信息未违反法律禁止性规定，也不违背公认的商业道德，通过法律维护点评信息使用市场的正当竞争秩序，有利于鼓励创新，造福消费者。最后，鉴于百度行为具有明显的“搭便车”“不劳而获”的特点，一审法院认为百度大量、全文使用大众点评网的点评信息的行为违反了公认的商业道德和诚实信用原则，具有不正当性。

而对于 Robots 协议，一审法院肯定了该协议是互联网行

业普遍遵守的规则，违反该协议抓取网站内容将可能被认定为违背公认的商业道德，从而构成不正当竞争。然而，一审法院进一步认为，遵守 Robots 协议的行为并非就一定不构成不正当竞争。Robots 协议仅涉及“数据的抓取行为”是否符合公认的行业准则问题，而不能解决抓取后的“使用行为”是否合法的问题。百度的搜索引擎抓取涉案信息并不违反 Robots 协议，但这并不意味着百度可以任意使用上述信息，百度应当本着诚实信用的原则和公认的商业道德，合理控制来源于其他网站信息的使用范围和方式。

同时，一审法院在认定百度是否构成不正当竞争时，格外关注了不同版本的百度产品对于点评信息的使用程度。早期版本的百度产品由于仅显示少量、非全文的点评信息，此种信息使用方式被法院认为是符合商业道德和诚实信用原则的，因而不构成不正当竞争。

值得注意的是，《反不正当竞争法》并未对信息使用这一类别的竞争行为进行明确规定，一审法院最终通过该法第 2 条这一一般条款，认定百度行为构成不正当竞争。

2. 二审法院：“模仿自由”应结合大数据时代背景

二审法院认可了一审法院的结论，认为百度使用大量来自大众点评网点评信息的行为，已构成不正当竞争行为。

二审法院认为，大众点评网上的信息有很高的经济价值，是汉涛公司的劳动成果。百度没有经过汉涛公司的许可，在百度地图中大量使用点评信息，这种行为本质上属于未经许可使用他人的劳动成果。法院进一步分析认为，考虑到“模仿自由”，汉涛公司所主张的应受保护的利益并非绝对权利，并不必然意味着应当得到法律救济，只要他人的竞争行为本身是正当的，则该行为并不具有可责性。然而，在大数据时代的背景下，信息所具有的价值超越以往任何时期，愈来愈多的市场主体投入巨资收集、整理和挖掘信息，如果不加节制地允许市场主体任意地使用或利用他人通过巨大投入所获取的信息，将不利于鼓励商业投入、产业创新和诚实经营，最终会损害健康的竞争机制。因此，市场主体在使用他人所获取的信息时，仍然要遵循公认的商业道德，在相对合理的范围内使用。

为了划定正当与不正当使用信息的边界，二审法院综合考虑了诸多因素，包括：百度的行为是否具有积极效果；百度使用的信息是否超出了必要的限度；百度使用的信息如果超出必要范围是否对市场秩序产生影响；百度所采取的“垂直搜索”技术是否影响了对竞争行为正当性的判断等。

综合各种因素，二审法院认为百度的行为一方面丰富了消费者的选择，具有积极的效果；但另一方面，汉涛公司对点评信息的获取付出了巨大的劳动，具有可获得法律保护的权利。最终，二审法院在考量了信息获取者的财产投入、信息使用者自由竞争的权利以及公众自由获取信息的利益之后，确立了信息使用规则应当遵循“最少、必要”的原则。结合以上，二审法院认为百度通过搜索技术抓取并大量全文展示来自大众点评网的信息，已经超过了必要的限度，构成不正当竞争。

对比新浪微博诉脉脉案，我们可以感知中国法院对于平台上的用户数据使用的态度相对较为严格，并且在一定程度上认可平台通过劳动投入而对于平台上的用户信息在竞争法层面享有的相对财产权利。值得注意的是，《信息安全技术 个人信息安全规范》第 5.4 条对于征得授权同意的例外情形作出规定，即如果被收集的个人信息是个人信息主体自行向社会公众公开的，个人信息控制者收集、使用个人信息无须征得个人信息主体的授权同意。平台用户数据是否可以被认定为该条中的“自行向社会公众公开的信息”而无须被用户授权还有待讨论，至少我们能够肯定的是，在中国目前的司法态度上，即便是平台上的公开信息，第三方在抓取和使用过程中也需符合“最少、必要”的合理性要求，以尊重经营产生该用户信息的平台的劳动成果，甚至是需要得到经营该用户信息平台的授权同意。

二、公开简历信息的爬虫与反爬虫之战——hiQ 诉 LinkedIn 案

同样是在 2017 年，美国加州北区联邦地区法院也处理着一件由爬虫所引发的就用户公开数据获取和使用规则的争议。

争议的一方为 LinkedIn。LinkedIn 成立于 2002 年，是微软旗下全球最大的职业社交平台，全球拥有超过 5 亿的 LinkedIn 用户。用户可以在 LinkedIn 网站上建立个人档案，

包括教育经历、工作经历和技能等信息。同时，用户可以在平台上自由选择不同程度的隐私保护。具体而言，用户可选择他们的履历档案完全私密，或选择（1）被其在网站上的直接关联用户可见；（2）被更广泛关联的社交圈可见；（3）被所有 LinkedIn 用户可见；或（4）完全公开。若是用户选择完全公开，则无论是不是 LinkedIn 用户，任何人都可以通过网络搜索引擎检索到其已经授权完全公开的全部履历档案信息。

争议的另一方为一家数据分析公司——hiQ。hiQ 成立于 2012 年，是一家为世界五百强公司开创人力资源管理工具的数据分析公司。

鉴于 LinkedIn 是职业社交领域内最领先的平台，hiQ 的商业模式完全依赖于 hiQ 爬虫所抓取的 LinkedIn 用户的公开档案信息。具体而言，hiQ 所派出的网络爬虫们将 LinkedIn 网站上用户分享的完全公开信息抓取来作为原始数据，hiQ 在收集与分析之后，将相关数据处理结果出售给企业。hiQ 针对雇主的产品主要有两种：（1）“监控者服务”：为雇主分析哪些员工存在高离职风险；（2）“技能地图”：从深度和广度提供雇员所拥有的技能信息。

在对 hiQ 爬虫的抓取行为的长期忍耐之后，LinkedIn 于 2017 年 5 月发函要求 hiQ 立即停止数据抓取行为，并利用各种技术手段阻止 hiQ 爬虫继续获取 LinkedIn 用户的公开信息。

LinkedIn 的行为将 hiQ 爬虫拒之门外，这使得 hiQ 完全不能正常进行任何经营活动。在无法与 LinkedIn 友好达成解决方案后，hiQ 向加州北区联邦地区法院起诉，并且向法院申请颁发临时禁止令，以禁止 LinkedIn 拒绝 hiQ 的数据抓取行为。法院裁定向 LinkedIn 发临时禁止令，要求 LinkedIn 停止相关行为。

在裁决中，法院就 hiQ 的行为是否违反美国《计算机欺诈与滥用法》（CFAA），是否违反加州宪法规定的言论自由，是否违反加州《反不正当竞争法》（UCL）等进行分析。

就反不正当竞争法层面而言，法院指出，加州《反不正当竞争法》的管辖对象不仅仅限于条文中明确规范的反不正当竞争行为，也涵盖了可能违反反不正当竞争法基本政策和精神的其他行为。换言之，即使加州《反不正当竞争法》中没有明确规定的行为，但只要能证明能够对竞争市场造成相似或者更大的伤害也可被确定为违法行为。从某种程度上说，美国法院在本案中也采取了类似于中国反不正当竞争法原则性条款的分析思路。

法院最终倾向性地选择支持了 hiQ 的爬虫抓取行为，主要是考虑到 LinkedIn 在相关市场上的领先地位，其采取的禁止性措施违背了竞争法精神；同时，从信息自由流通的角度看，鉴于用户已选择公开信息，LinkedIn 的做法违背了公共利益。

hiQ 在论证 LinkedIn 的行为违反了竞争法精神时指出：其一，考虑到 LinkedIn 在职业社交市场的领先地位，想要获得相关信息作为原始数据进行进一步分析，几乎不可能绕开

LinkedIn 另起炉灶；其二，LinkedIn 所在的职业社交市场和 hiQ 所在的数据分析市场不具有相互替代性，是竞争法下不同的产品市场。LinkedIn 以其在职业社交领域的垄断地位，利用了 hiQ 对 LinkedIn 用户信息依存度高的特点阻断 hiQ 获取信息，从而封锁其他竞争者进入数据分析市场。

在裁决中，法院指出《谢尔曼法》禁止公司利用垄断地位获得竞争利益或者摧毁其他竞争者。法院认为，hiQ 就 LinkedIn 在职业社交市场占据着支配地位进行了有力的主张。此外，法院注意到 LinkedIn 还有进军数据分析市场的能力和计划，几乎在 LinkedIn 宣布进军数据分析市场的同时，LinkedIn 开始制裁 hiQ 并切断了 hiQ 的数据获取方式，限制了 hiQ 数据获取的技术。法院认为，LinkedIn 进军数据分析市场的行为和阻碍 hiQ 数据抓取的行为密切相关，从而认为其试图不当地将其在职业社交网络中的市场力量，传递至数据分析市场。

此外，从公共利益的角度看，法院在裁决中称，选择公开其信息的用户可能已经预期到他们的公开个人资料将被搜索、挖掘、整合及分析。另外，如果赋予 LinkedIn 这样的私人实体以任意理由阻止他人访问其网站上公开可见信息的权利，将对互联网所承诺的公共话语和信息的自由流动造成威胁。

与大众点评网案类似，其他公司在作为“法庭之友”所提交的意见书中，也试图强调网站获取信息的难易程度和成本付出，以及竞争对手使用信息的范围和方式。例如，Craglist 提交的一份诉讼支持就论证了 LinkedIn 获取信息、累积用户所付出的成本资源。Craglist 的论证思路非常类似于中国法院在大众点评网案的分析过程。虽然不管是 Craglist 还是大众点评网，平台上的用户信息均是靠用户自己提供，但是收集以达到一定规模的过程耗费了大量的人力、物力和财力。就 Craglist 而言，该公司作为二手交易平台自 1995 年成立以来投入了大量成本用于把获取的信息进行分类，从而形成了汽车、租房等分类交易平台。此外，Craglist 还需投入大量资源用于保护用户信息，使用户浏览信息更方便、快捷、安全。美国一家房地产交易公司 CoStar 作为“法庭之友”也提交了意见书，论述 CoStar 如何花费大量精力雇用专业信息人员对市场信息进行收集、整理和加工，而且这样的数据库极大地便利了市场交易。但是，上述意见未得到法院认可。

最终，法院向 hiQ 颁发了针对 LinkedIn 的临时禁止令。对此，LinkedIn 表示不服，已上诉。

三、中美司法逻辑上存在差异

大众点评网案和 LinkedIn 案的共同关键问题在于，对网站上用户公开提供的信息应如何界定使用规则。可以感知，中美两国法院在态度、立场上均存在差异。这里简单梳理两个案件的异同之处。

<table>
<tr><th colspan="2"></th><th>大众点评网诉百度案</th><th>hiQ 诉 LinkedIn 案</th></tr>
<tr><td colspan="2">案情总结</td><td>百度大量抓取大众点评网用户的公开点评信息，在百度产品中直接呈现。大众点评网遂将百度诉至法院</td><td>hiQ 抓取 LinkedIn 用户的公开信息，以该信息作为原始数据，处理后将分析结果提供给 hiQ 客户。LinkedIn 采取技术手段阻碍 hiQ 的抓取行为，hiQ 遂将 LinkedIn 诉至法院</td></tr>
<tr><td rowspan="3">相似点</td><td>数据收集方式</td><td colspan="2">均是基于网络公开用户数据的爬虫抓取行为</td></tr>
<tr><td>核心问题</td><td colspan="2">针对网站上用户公开信息的收集、使用规则应如何界定</td></tr>
<tr><td>分析角度</td><td colspan="2">认定原被告为存在竞争关系的竞争者，并基于竞争法展开分析</td></tr>
<tr><td rowspan="2">差异点</td><td>具体行为</td><td>百度通过爬虫抓取数据后，将他方网站的公开的用户点评信息直接呈现在产品搜索结果中</td><td>hiQ 将爬虫抓取的他方网站公开的用户数据作为分析的原始数据，最终输出分析结果。LinkedIn 运用反爬虫技术，阻止了该抓取行为</td></tr>
<tr><td>相关市场</td><td>大众点评网和百度两者在为用户提供商户信息和点评信息方面的服务模式相似，争夺同样的网络用户群体，具有竞争关系</td><td>LinkedIn 有意进入数据分析领域，跟诸如 hiQ 在内的其他数据分析公司展开竞争</td></tr>
</table>

（续表）

		大众点评网诉百度案	hiQ 诉 LinkedIn 案
差异点	落脚点	百度大量全文展示来自大众点评网的信息，使用方式超过必要限度，未遵循“最少、必要”原则，不具有正当性	LinkedIn 有意封锁竞争者进入数据分析市场；以任意理由阻止第三方利用爬虫抓取平台上用户的公开数据，会对信息自由流动造成威胁，不具有正当性
	效力	法院终审判决	临时禁止令裁决（案件已上诉）
	结局	被抓取方获胜，爬虫方落败	爬虫方初战告捷

根据上表分析可知，两个案件案情的相似点在于均是围绕具有竞争关系的经营者之间就公开数据资源的利用所引发的争议，具体数据收集方式均涉及从公共网络上的爬虫数据抓取行为。

差异点在于使用方式上，大众点评网案中，百度将从大众点评网所抓取的用户点评信息直接大量复制纳入自己旗下的产品中。而在 LinkedIn 案中，hiQ 虽然同样在 LinkedIn 网站上抓取了公开的用户信息，但 hiQ 将其所抓取的 LinkedIn 用户信息进行了进一步的分析和处理，从而将数据分析成果而非原始数据本身作为自己的产品。

在大众点评网案中，法院的逻辑在于，涉案双方在提供商户信息和点评信息这个领域展开竞争，而百度大量复制大众点评网用户评论的行为，超出了对他人所获取的信息的合理使用范围，未遵循“最少、必要”原则，违背了公认的商业道德。而在 LinkedIn 案中，法院的逻辑在于，涉案双方在数据分析市场具有竞争关系，不可不当阻碍其他竞争者对自己网站上的公开原始数据的获取，以封锁其进入数据分析市场中。

由此可以看出，中国法院在大众点评网案中较为注重对于个体竞争者在平台数据累积过程中付出的辛勤劳动，从而认可用户数据（即使具有一定的公开性）作为其宝贵的竞争资源，应当获得竞争法层面上的保护，被赋予一定的财产权利；而美国法院则更为注重对于信息自由流通对不同市场中的繁荣竞争的重要性。

四、爬虫的背后，数据权属知多少

上述案件虽然是由爬虫所引发的不正当竞争争议，但其最根本、最核心的问题仍是数据使用规则，以及更进一步的数据权属问题。数据之上到底有何权益在学界也是争议纷纷。可能的数据权属类别主要包括以下几种：

1. 数据人格权

学界传统上主张数据主体对于数据特别是个人信息享有人格权。数据人格权的模式是基于隐私权，再根据网络信息的实践进行一定的变通形成的。但是，隐私权和数据人格权是完全不同的概念。隐私权主要关注个人不愿意公开的各种私生活信息或生活秘密等，而数据人格权保护的是没有公开甚至已经公开的权利。然而，根据数据人格权的观点，数据并不是一种财产权益。因此，这一理论难以在大数据时代适应数据资产化的经济需求和实际情况，仍无法确定性地解决数据权属问题。

2. 数据财产权

在数据活动日渐频繁复杂，数据经济随之蓬勃发展的情况下，个人信息人格权保护的简单模式，与数据经济的实际运行要求直接发生冲突，难以有效调和个人和企业基于个人信息和数据的利益关系，企业数据经营的保障和动力都很脆弱，不利于其发挥创造性。

基于此，劳伦斯·莱斯格（Lawrence Lessig）教授提出了数据财产化（data propertization）理论，即应认识到数据的财产属性，通过赋予数据以财产权的方式，来强化数据本身的经济驱动功能，以打破传统法律思维之下依据单纯隐私或信息绝对化过度保护用户而限制、阻碍数据收集、流通等活动的僵化格局。

数据财产化的思路下，又可区分个人数据财产权主张和企业数据财产权主张。个人数据财产权主张通过创设一种新型财产权，认为个人对个人数据享有优先的财产权，企业在交易个人数据的时候将可能对个人隐私产生极大伤害，并产生难以预计的信息安全问题，大范围失控的数据交易也将为违法活动提供温床。

企业数据财产权主张则从物权角度研究数据产权问题，认为核心是促进数据产业发展。为了促进数据产业的发展，企业应享有收集、整理数据获得的劳动成果。大众点评网案中，法院认识到企业在收集信息过程中投入了大量人力、物力、财力，形成了一种劳动成果。虽然法院不倾向于直接赋予企业就其数据享有“劳动成果权”，但是在认定企业数据是否被第三方不当使用时，考量了数据的商业价值和企业为实现数据商业价值所付出的努力。在 LinkedIn 案中，虽然法院没有详细论述，但在“法庭之友”的书面陈述中，Craglist 等也均主张对于企业花费大量精力用以实现特定商业价值的数据应该予以保护。

3. 知识产权—著作权

有观点认为，在关于数据交易的专门法规出台之前，知识产权制度是解决数据产权问题、对数据产业者赋权的解决办法之一。企业投入人力、物力将个人信息进行脱敏、分析、建模之后形成的数据具有创造性，而其分析的技术、模式、方式等也具有独创性，因此企业对数据的处理技术和生成结果应当拥有知识产权，如著作权、专利权等。但知识产权制度本身存在一定的局限性，因此这一观点存在着一些难以解决的矛盾。例如，由于著作权本身存在的地域性等特点，与数据流动性等数据价值实现的必要前提存在冲突，因此除数据应具备可著作权性的相应条件以外，以著作权为基础的数据权属观点还面临数据流动问题的困扰。

4. 数据库邻接权

大部分数据并不具有原创性，而是一种自动产生、收集、加工的实时数据，因此数据通常难以受到著作权保护。但是，对收集、整理的数据整体，可以通过数据库邻接权来进行保护。1996 年，欧盟通过了《关于数据库法律保护的指令》(以下简称《数据库指令》)，用以直接保护因不符合独创性标准而无法受到著作权法保护的数据库。《数据库指令》第 7 条规定了一种独立意义的专有财产权，为期 15 年，对该权利的获得无须以认定汇编作品为前提，数据库制作人只要在内容收集、核准和提供等方面有实质性投入，就可以获得这种特殊权利，包括：通过许可合同转移、转让或授予他人使用；防止任何第三方对数据库内容的全部或实质内容进行提取和再利用。

5. 商业秘密及保密义务

将数据上附着的权利类型划归于商业秘密及保密义务的主张主要可用于保护商业数据中具有保密意义和价值的数据类型，即以“秘密性”“价值性”作为特征。以欧盟为例，这一主张的法律基础来自 2016 年颁布的《关于保护未披露的技术诀窍和商业信息（商业秘密）防止非法获取、使用和披露的第 2016/943 号（欧盟）指令》以及欧盟各成员国国内的立法。商业秘密及保密义务的观点指出，商业秘密的保护和保密义务与个人信息保护之间存在一定的相似性，如未经同意收集的违法性、擅自公开的违法性、合同约定对于保密义务的影响作用等。虽然对网络上的公开信息相对较难主张构成商业秘密，但鉴于网络经营者通过技术措施可以使数量众多的用户信息汇聚集合难以被他人所知悉，因而也有可能主张具有“秘密性”，但可能较为牵强。

在目前有关数据权属的争议中，从中国现行立法与司法实践来看，更多的是从《反不正当竞争法》第 2 条的一般原则性规定考虑数据抓取、使用行为是否具有不正当性，一定程度上从侧面认可相关企业对于数据的财产权利，但更加明晰的使用规则和权属划分仍在进一步摸索之中。

五、展望

数据的地位在大数据时代无异于新型石油。正如石油需要经过加工、提炼后投入到各种工业产品的生产过程中一样，数据也需要经过相应的加工处理，运用到不同行业领域之中，即实现数据的商业化。大量的公开数据使一些企业看到了商机，力图探索实现数据商业化的路径，以更大程度实现数据价值的发挥，这也是更高社会效益产出的必由之路。在数据资源的争夺中，网络爬虫发挥着重要作用，爬虫抓取数据与反爬虫抓取数据的拉锯战也愈演愈烈。其背后所引发的如何界定数据权属和数据使用规则，尤其是针对公开数据商业化问题，引起了热烈讨论与关注。

大众点评网案虽然已得到终审判决，但在大数据时代公开数据的使用规则仍不清晰。如果认定点评信息是大众点评网的劳动成果，应享有竞争法下一定的财产权利，那么该权利的外延又在哪里？是否能如 LinkedIn 案中对第三方抓取网站公开数据进行技术阻隔？目前，我们尚无法得出定论，LinkedIn 案还在进一步审理过程中，值得密切关注下一步进展。但我们从上述案件能够感知到，中国法院对于用户数据使用更为审慎，前有新浪微博诉脉脉案的三重授权原则，后有大众点评网案的合理原则分析，而美国法院则似乎更看重数据的自由流通对市场竞争的积极效应。有待我们思考的是，如何在数据保护和数据利用、流通之间更好地寻求平衡，在充分发挥数据的价值的同时，维护、保障数据安全。

数据毫无疑问将在未来扮演越来越重要的角色，然而，数据使用规则及更深一层的数据权属这一大数据时代的核心问题，仍远未能达成共识。

可以预见，在数据商业化的浪潮中，将来有关大数据产品权益的争议将越来越多，如何明确数据相关的权益问题，厘清数据使用规则以最大程度地保护、促进竞争，无论是对于学界还是对于司法实践都是不可回避的。只有更好地平衡数据保护和信息自由流通这一天平，才能有效维护大数据时代的商业竞争秩序，小小爬虫也才能更好地为企业创造价值。

第九章

Facebook 的"数据门"：开放平台的失败与重生

□ 许　可　对外经济贸易大学数字经济与法律创新研究中心执行主任

2018 年 3 月 17 日，美国《纽约时报》发表《特朗普的顾问是如何利用数以千万的 Facebook 数据的？》（How Trump Consultants Exploited the Facebook Data of Millions）一文，揭露 5000 多万（最终确认是 8700 万）Facebook 用户数据被违法用于特朗普竞选总统的丑闻。作为世界上最大的社交网站，Facebook 的影响力非同凡响，甚至有人说："Facebook 决定了你是谁。"更致命的是，这件事竟然关系到美国头等大事——总统大选，这进一步刺激了人们的神经。因此，毫不奇怪，该篇报道甫出，便引发轩然大波，成为举世瞩目的 Facebook "数据门"。

一、复盘 Facebook "数据门"

2007 年 5 月 24 日，在旧金山艺术中心，年仅 23 岁的扎克伯格（Mark Zuckerberg）身穿一件黑色的羊毛衫，在Facebook第一届F8大会（Facebook开发者大会）上发出豪言："到目前为止，社交网站已经成为封闭的平台，我们要做的就是终结这一历史。Facebook将被打造成为一个开放的平台，来自全世界每个角落的开发者都能在Facebook Platform的基础框架下，为这个巨大的社交图谱开发多元化的应用。"这里的"开放"首先就是数据的开放，即Facebook将其拥有的海量社交用户档案和关系数据，通过"开放应用编程接口"（Open API）开放给第三方开发者。对于传统的封闭网络——Myspace而言，这无疑是革命性的。

事实证明，Facebook成功了。在F8大会召开之后短短6个月之内，Facebook上就注册了25万名开发者，运行着25000个应用，有一半的Facebook用户在他们的个人主页上安装了至少一个应用程序。谷歌趋势显示，Facebook和Myspace的搜索频次在2007年下半年形成转折，到了次年5月，Facebook的访问量首次超过Myspace，自此奠定王者地位。

2010年4月22日，Facebook在第三届F8开发者大会上进一步启动"开放图谱"（Open Graph）计划，允许第三方开发者在遵守《开放平台政策》的条件下，使用Open API，调取Facebook用户的数据，接受来自用户的实时状态更新，包括其好友的数据。"开放图谱"力图让所有人都位于网络的中心，通过对个人和第三方赋能，Facebook旨在创建一个更智能、更个性化的网络。“开放图谱”彰显了 Facebook 的远大抱负，即将社交网站与所有互联网服务连接起来，成为一个完全开放的网络生态系统。

不过，“甘瓜苦蒂，天下物无全美也”。平台开放的必然后果是用户的隐私遭受威胁。2009 年，美国负责保护消费者权益的机构美国联邦贸易委员会（FTC）开始对 Facebook 的数据保护进行调查。FTC 在指控书中称，Facebook “告诉用户可在网站上让信息处于隐秘状态，但实际上不断允许这些信息被共享和公开”。指控书引用多个 Facebook 在数年前许下的虚假承诺作为证据，其中在 2009 年 12 月，Facebook 在网站改版时，使一些用户与私密朋友间共享的信息被公开，但用户并未得到有关更改的提示。FTC 主席乔恩·列波维茨（Jon Leibowitz）在声明中表示：“Facebook 的创新不得以牺牲消费者的隐私为代价。”在强大的压力下，2011 年，Facebook 与 FTC 达成“同意协议”，其中第 II 条对第三方收集用户信息进行了限制。根据该条，如果第三方收集用户的“非公开信息”，Facebook 应在隐私政策、数据使用政策等文件之外，明确提示用户并获得用户的明示同意。该条同时说明，用户只有在不实质违反其好友隐私设定的范围内，才能共享其好友的信息。

时光流转，2013 年，Facebook “数据门”的主角终于登台。他们是：罗伯特·默瑟（Robert Mercer），美国对冲基金公司文艺复兴科技（Renaissance Technologies）的联席 CEO，亿万富翁，特朗普竞选总统的主要金主之一；斯蒂芬·班农（Stephen Bannon），特朗普就任总统后出任其高级顾问、白宫首席战略师；亚历山大·科根（Aleksandr Kogan），剑桥大学一名研究人员，同时也是俄罗斯圣彼得堡国立大学副教授。默瑟出资 1500 万美元联合创建了政策咨询公司——“剑桥分析”（Cambridge Analytica），班农则担任剑桥分析公司美国总部的副总裁。该公司旨在从海量数据出发，洞察目标对象的心理特征，针对性地向目标对象投放宣传材料，从而改变他们的行为。经过中间人的牵线搭桥，科根与剑桥分析公司正式开展合作。

在剑桥分析公司的资助下，科根在 Facebook 上开发了一款性格测试应用——“this is your digital life”，并通过随机发放 2—5 美元红包的方式大力推广。安装这款应用的用户约 27 万，可由于用户均授权该应用获取社交关系及好友信息，科根最终获得了 8700 万人的数据。随后，他经由自己的“环球科学研究”公司，将上述数据分享给剑桥分析公司。

2014 年，为了避免第三方应用获取并滥用大量用户信息，Facebook 上线了 2.0 版的“开放图谱”Open API，对第三方应用访问 Facebook 平台数据作出严格限制。除非用户好友已经授权第三方应用获取其用户信息，“this is your digital life”等大量第三方应用不再能够获取用户好友的信息。不过，Facebook 为第三方开发者预留了一年时间调整升级他们的应用，这导致 1.0 版的数据接口到 2015 年 4 月 30 日才最终被废弃。

2015年末，英国《卫报》报道说，剑桥分析公司正在使用基于跨越数千万Facebook用户的研究的心理数据，帮助美国得克萨斯州共和党参议员特德·克鲁兹（Ted Cruz）进行总统竞选，试图获得比他的政治对手更多优势。得知这一消息后，Facebook屏蔽了“this is your digital life”应用，并敦促科根和剑桥分析公司删除所有用户信息。虽然后者对此并无异议，但相关数据的删除与否，Facebook却并未跟踪调查与追究。而在2016年的美国总统大选中，这些数据被用于新闻的精确投放，以帮助特朗普团队。不过，关于剑桥分析公司对特朗普的获胜究竟贡献多大，目前尚存争议。大多数政治学家对这种定向广告的有效性表示出强烈怀疑，剑桥分析公司只是夸大其词而已。

2018年3月20日，仅仅在Facebook“数据门”曝光的三天后，FTC便宣布开始调查Facebook是否违反了2011年与其就用户隐私保护达成的同意协议。第二天，扎克伯格在多家权威媒体上以整版的方式道歉：“我们有责任保护大家的数据，如果做不到，那么我们就不配为大家提供服务。”同日，Facebook官方也发布公告，提出了六大主要举措，预防未来与“剑桥数据”类似的事件发生：（1）评估所有能够在Facebook平台上获取大量数据的应用和有可疑行为的应用；（2）向所有个人信息被第三方应用误用的用户发出警告；（3）关闭用户最近3个月没有使用过的应用获得用户数据的权限；（4）改变Facebook的登录数据，这样第三方应用只能看到用户的名字、头像和邮箱地址，除非该应用通过更多的评估流程；（5）帮助人们管理他们在Facebook上使用的应用，管理这些应用能看到他们的哪些信息；（6）增加用户的“捉虫奖励项目”，如果用户发现应用开发者不正确使用用户数据，提出举报能够获得奖励。

2018年4月10—11日，扎克伯格脱去了他的灰色T恤衫和牛仔裤的习惯装束，换上深色西服，出席美国参众两院举行的听证会，在两天的时间里正襟危坐，再次对Facebook数据泄露事件表示道歉，回答参议员关于Facebook数据隐私、假新闻、对大选的影响、垄断等问题，并提出整改原则：（1）用户对他们在Facebook上发布的所有内容拥有所有权，可以全权决定这些内容是否分享与怎样分享；（2）用户删除Facebook账户之后，Facebook会尽快清除用户此前的内容和数据；（3）Facebook会采取严格措施，避免此前的第三方应用开发者滥用和转售用户数据。可国会议员们并不满意，他们提出一系列更激进的法案，如《正直广告法》(Honest Ads Act)、《个人同意法》（Consent Act)、《我的数据法》（My Data Act)。

在听证会举行的两天里，Facebook的股价逆势上扬4.5%和0.78%。然而，这并不意味着Facebook案结事了。事实上，FTC、英国个人数据保护机构信息专员办公室(ICO）的调查行动还在进行中，扎克伯格承诺的义务尚未履行，国会议员的监管议案亦箭在弦上。另外，《2018 年加州消费者隐私法案》的出台也被视为 Facebook“数据门”的余波。

二、科根和剑桥分析公司的“恶”

“殷鉴不远，在夏后之世。”Facebook“数据门”恰如隔空为我国敲响了一次警钟。在大洋彼岸隔岸观火的我们，有必要进一步追问：各方究竟错在哪里？假如 Facebook“数据门”发生在我国，我们该如何应对？

让我们先从始作俑者的科根开始。他的第一大“恶”便是违反我国《民法总则》第 111 条和《网络安全法》第 41 条，未经 8700 万用户的同意，非法收集个人信息。当然，科根并不会坐以待毙，他很可能从如下方面提出抗辩：

首先，科根可能主张他从事的是学术研究，因此无须获得用户同意。我国《信息安全技术 个人信息安全规范》第 5.4 条列出了用户同意的若干例外，其中一种情形是“学术研究”。2013 年，科根大规模收集数据的行为就曾触发了 Facebook 的内部预警，而当 Facebook 得到其“用于学术目的”的回复后，就不再过问了。但问题是科根压根不是在做学术研究。调查发现，科根一开始就获得了剑桥分析公司的资助，更重要的是，他向后者提供的全部是指向特定个人的信息，而非脱敏的研究成果。因此，这一抗辩纯属狡辩。

其次，科根可能主张他已获得了 Facebook 的同意。因为

“this is your digital life”应用并非无中生有，而是合法嫁接在Facebook的平台上。作为“开放图谱”计划的一部分，Facebook允许第三方在遵守《开放平台政策》的条件下，使用Open API，并调取用户数据。但对科根而言，所谓“授权”在事实上已因其超越权限而无效。《开放平台政策》第3.10条明确规定：“不得将从我方接收的任何数据转让给任何广告网络、数据代理或其他涉及广告或创收的服务。”

再次，科根可能主张他从登录用户那里获得了“间接同意”。本次数据滥用的规模之所以高达8700万人，全赖社交网络的乘数效应。所以，必须回答的问题是，你能否为你朋友的信息做主？答案十分清楚：当然不能，就像我们不能擅自将线下朋友的家庭住址告诉一个陌生人。

最后，科根可能主张他所获取的是用户的公开信息。因为依常理，既然用户已经公开信息，自然无须对科根特别授权。但在法律的立场上，信息并不因公开就可以随意使用。针对公开信息，是以人工方式手动拷贝，还是以软件方式大规模抓取，有着迥然不同的法律后果。在2016年新浪微博诉脉脉不正当竞争纠纷案中，法院对公开信息的使用树立了三重授权标准，即第三方通过Open API获取用户信息时应坚持“用户向平台授权”＋“平台向第三方授权”＋“用户向第三方授权”的原则。

如果说非法收集个人信息还有零星但无力的反驳的话，那么，科根超出学术研究目的使用所收集的信息，以及未经用户同意将之提供给剑桥分析公司的"恶行"就确凿无疑了。根据《最高人民法院、最高人民检察院关于办理侵犯公民个人信息刑事案件适用法律若干问题的解释》和《刑法》第253条之一的规定，科根将其在提供服务过程中所获得的信息，向剑桥分析公司提供，数量特别巨大，情节特别严重，科根和剑桥分析公司均构成侵犯公民个人信息罪。

三、Facebook错在何处

Facebook"数据门"事发后，Facebook的副总裁兼副总法律顾问保罗·格雷瓦尔（Paul Grewal）和首席安全官亚历克斯·斯塔莫斯（Alex Stamos）相继在推特上发文，指责媒体称这次事件为"数据泄露"（data breach）完全错误，因为Facebook的系统没有被侵入，用户的密码或敏感信息也没有被窃取或攻击。这两位高管的解释在技术上非常精明，但在战略上并不明智。人们所关心的不只是数据安全（data security），更是安全感（safety）。难怪有人嘲讽说，Facebook的意思是你们完全不用担心，剑桥分析公司没有窃取，是Facebook主动交了出去。公允地说，Facebook确实没有"作恶"，但这并不意味着它是无辜的替罪羊，恰恰相反，其至少存在两大过失。

从事前视角观察，Facebook缺乏数据共享的风险管理。根据《信息安全技术 个人信息安全规范》第10.2条的要求，在通过Open API将用户数据和科根共享之前，Facebook至少应开展“个人信息安全影响评估”，分析应用场景，评估科根索要数据的必要性、数据类型和数据量、数据传输方式及其数据保护能力，从而确定是否对外提供数据、提供的安全量级、提供的安全方式以及操作中的风险控制和发生安全事件后的应急预案。在这一事件中，科根获取的信息如此之巨，Facebook 的保障能力显然无法达到与之相称的安全标准。不仅如此，根据《网络安全法》第 37 条的规定，Facebook 属于关键信息基础设施的运营者，当 8700 万人的信息从境内转移到环球科学研究公司——一家英国企业时，Facebook 还要进一步评估国家安全和社会公共利益受影响的等级，并将相关评估结果上报监管机构审核。

从事后视角观察，Facebook 没有履行个人信息安全事件的双通知义务。2015 年，Facebook 知悉个人信息被非法转移后，就应按照《网络安全法》第 42、43 条的要求，立即采取补救措施，按照规定及时通知用户和监管部门。这里的补救措施包括：要求科根和剑桥分析公司删除所有数据以及由其衍生的相关信息，并保证不留存任何副本；封存证据并启动调查和责任追究程序；为相关用户提供投诉和要求删除个人信息的渠道等。事实上，这些措施和扎克伯格在前述听证会上所申明的内容几无差异，只不过 Facebook 晚了三年。

任何错误都要付出代价，Facebook 也不例外，问题在于：代价究竟有多大？坊间传言，Facebook 可能被 FTC 处以每名用户 4 万美元、总额 2 万亿美元的重罚。但这可能是一个误读，因为根据2016年FTC的罚款上限，4万美元的标准是按天计算，而非按人头计算。此外，这一说法是建立在Facebook违反其与FTC在2010年达成的同意协议，特别是其中第II条关于第三方收集用户信息的约定上。根据该条，如果科根收集了用户的“非公开信息”，Facebook却没有在隐私政策、数据使用政策等文件之外，明确提示用户并获得明示同意，那么就可能违规。该条同时说明，用户只有在不实质违反其好友隐私设定的范围内，才能共享其好友的信息。截至2019年2月，FTC的调查仍未完成。Facebook正在与FTC就责任承担进行磋商，尽管对具体的罚款数额尚未达成一致，但据信罚金可能高达数十亿美元。迄今为止，科技巨头因违反与美国政府达成的保护数据协议而被实际处以的最大一笔罚款，仅仅是2250万美元。这是由FTC在2012年，针对谷歌使用特殊代码绕过Safari浏览器的隐私设置，不断追踪用户的上网习惯的行为作出的处罚。

还是让我们再回到我国，如果Facebook此次数据泄露事件发生在我国，首先可以明确的是，我国在网络安全执法领域，并无“同意协议”这一处罚和解制度，故而无论Facebook是否违约，监管机构都不可能以此为由施加处罚。不过，假设监管机构在2010年就已经责令Facebook改正，但Facebook拒不改正，拒不履行信息网络安全管理义务，那么它有可能构成我国《刑法》第286条之一规定的拒不履行信息网络安全管理义务罪。此外，根据《网络安全法》第66

条，Facebook 违规对外提供数据，监管机构有权责令改正，给予警告，没收违法所得，处 5 万元以上 50 万元以下罚款，并可以责令暂停相关业务、停业整顿、关闭网站、吊销相关业务许可证或吊销营业执照；对直接负责的主管人员和其他直接责任人员处 1 万元以上 10 万元以下罚款。由此可见，较诸美国，Facebook 在我国面临的责任更加多样化，也更不确定。

四、开放平台的死结

这次的“数据门”绝不是 Facebook 的第一次，也不可能是它的最后一次。实际上，从 2008 年将用户的网络活动与其好友进行分享的 Beacon 系统，到 2010 年通过消息推送样本对比测试来考察社交网络对投票率的影响，Facebook 对其数据的管控一次次面临人们的质疑。尽管个中缘由难以尽述，但其作为开放平台的定位却始终是症结所在。所谓“成也萧何，败也萧何”。Facebook 的开放性一方面令实时、全样本的数据流动起来，并经由第三方的数据挖掘和分析，重新包装为数据产品推向客户。但另一方面，它也削弱了平台对数据的掌控，以至于 Facebook 前平台运营经理桑迪·帕拉吉拉斯(Sandy Parakilas) 在“数据门”发生后表示：“Facebook 无法监控通过其服务器提供给开发者的所有数据，所以我们完全不知道开发者对数据做了什么。”

如何在保持平台开放的同时，强化对数据的治理？这个问题的答案依然要从平台的性质中寻求。作为应用/服务层、数据层和规则层的复合体，平台的形成和发展是此三者不断聚化和演化的结果。其中，应用/服务层是依托信息技术、集合线上线下资源而开展的交易与合作活动，它是平台运作的驱动力；而在交易和合作过程中，大量信息被记录、存储和利用，数据层由此成为市场价值再发现的核心生产要素；最后，规则层是各主体共同遵循的制度体系，是平台组织赖以成形的基础保障。平台设立之初，规则层发挥着决定性作用，而平台一旦步入正轨，就展现出鲜明的自组织性，规则层必须和应用/服务层、数据层之间相互反馈、同步调适。就此而言，在 Facebook 的数据层和应用/服务层开放之后，规则层就不能再由 Facebook 单方垄断，否则就会因逻辑冲突，引发平台功能失调，而这正是 Facebook 数据失控的根源。

既然如此，开放平台的规则层到底要怎样开放呢？一方面，要把多元化的利益相关者，特别是普通用户吸纳到数据规则的制定之中。这是因为，在开放性和去中心化的数字治理架构下，所有受规则影响的人都是且应当是数据规则形成的主体。同时，考虑到用户在时间、能力和信息获取上的欠缺，平台还须积极“赋权”，通过增加透明度保障用户知情权，并在制度架构设计上尽量采取“选择适用”模式，以实现真正意义上的审议和决定。另一方面，在数据规则的执行中，要为不同主体提供恰到好处的激励和严格的责任，使之积极、主动地践行规则。2018年3月21日，Facebook宣布的bug奖励计划，就是向正确的道路前进了一步。但这还远远不够。平台还应建立更有效的争议解决机制和对违规开发者的惩治机制，采取包括区块链在内的新技术，将平台、用户、开发者、数据处理者紧密相连，保证每次查询、复制、使用、流转的可追溯和不可篡改。

如今，平台应用/服务的生态化以及数据流动所带来的网络效应，发展出大规模的协作和共享，激发出前所未有的活力，开放性平台由此成为数字经济的关键性支柱。而正如Facebook“数据门”所揭示出的，平台的这种开放性终将迫使我们打破自上而下的“数据管理”迷思，迈向多主体共同参与、各享权利、各负其责的“开放数据治理”。而这，才是在中国语境下思考这一事件的意义所在。放宽历史的视野看，Facebook“数据门”对Facebook和世界的影响将是深远的和不可逆转的。我们甚至不妨将它看作Facebook送给中国的礼物，因为诚如智慧的巴菲特所告诫的：“考虑到人可以从错误中学习，那么，最好的事情就是从别人的错误中学习。”

五、给平台运营者的礼物：从免费到付费

在Facebook“数据门”发生后不久，苹果公司CEO蒂姆·库克（Tim Cook）就当众表态，他不会陷入扎克伯格的处境，因为“我们关心用户体验，我们不会拿你的私人生活作交换”。对此，扎克伯格直斥其“极其肤浅”，他还援引亚

马逊公司 CEO 杰夫·贝索斯（Jeff Bezos）的一句“名言”，说道：“有些公司努力从你身上赚更多钱，有些公司努力让你花更少钱。”显然，这两位世界级企业 CEO 的口水战绝非源于他们个人的好恶，也不关乎企业伦理，而只是企业类型之别而已。

尽管苹果公司和 Facebook 都是典型的高科技公司，但两者的收入结构却截然不同：前者以手机、电脑、平板等有形产品的销售为利润来源；后者则以无形的网络广告为盈利点。在这一表象差异背后，是两大公司道路的分歧。借用杰奥夫雷·G. 帕克（Geoffrey G. Parker）、马歇尔·W. 范·埃尔斯泰恩（Marshall W. Van Alstyne）和桑基特·保罗·邱达利（Sangeet Paul Choudary）的观点，苹果公司更像“管道”，各种资源在管道中流动并增加价值，从硅谷到富士康再到消费者，呈现出一条“线性价值链”；相反，Facebook 是“平台”的运营者，利用信息技术连接起生态系统中互动的人、机构和资源，创造出意想不到的价值并进行价值交换。不同于有形产品，平台运营者提供的信息产品复制成本极低，而正如凯文·凯利（Kevin Kelly）在《新经济，新规则》一书中向我们展现的：“任何能被复制的东西，价格都将趋近于零或者免费。”因此，平台运营者的最佳策略是先人一步推行低价，而最明智的做法就是将免费作为定价的终极目标。不仅如此，在“网络效应”（network effects）作用下，“免费”进一步成为推动平台爆发的重要力量。

然而，平台运营者不是在做慈善，它们的目的仍然是营利。在普遍免费的模式下，它们不太可能向其用户收费，而只能采用“羊毛出在狗身上”的方法——向第三方收取费用，互联网广告业务由此应运而生。为了让广告投放精准高效，平台运营者就必须了解用户，利用个人信息的用户“画像”(profiling）技术由此成为它们的撒手锏。斯坦福大学计算机科学教授米哈尔·科辛斯基（Michal Kosinski）指出：“了解一个人 10 个 Facebook 的点赞，对这个人的了解足以超越这个人的普通同事；了解 70 个点赞，则对这个人的了解足以超过这个人的朋友；如果了解超过 300 个点赞，那么恐怕会比这个人最亲密的伴侣更了解这个人。”实际上，Facebook 一直宣称能够通过“广泛类别（如跑步）和精确兴趣定位（如喜欢特定运动品牌)”，帮助广告主寻找最适合的用户类型。正因如此，“免费+广告”成为 Facebook 等平台的主流商业模式。

不过，现在可能到了重新思考这一模式正当性的时候了。一方面，随着个人对其信息关注度的提升，他们日益发现：所谓“免费”的实质，是用难以计价的个人信息交换了可以计价的网络服务，在某种意义上，这种“免费”很“昂贵”。另一方面，像 Facebook 这样的巨型平台已经成功跨越了“引爆点”，如何有效挖掘用户的价值，而非如何扩大流量，才是它们角力的关键。美国聚会网站 Meetup 的发展历程表明：向用户收费并不会扼杀平台，相反，通过高质量的服务和互动，最大化了积极的网络效应。或许，因 Facebook 个人信息泄露所激发的抵制活动以及“删除 Facebook 运动”（# DeleteFacebook），恰恰是重构商业模式的最佳契机。

基于用户对个人信息泄露和滥用的担忧，平台运营者完全可以在“普遍免费模式”外引入“个别付费模式”。在“免费模式”下，用户就其个人信息享有统一的法定保障，平台运营者可以在“合法、正当、必要”的范围内收集和使用个人信息，并可以在遵守法律的前提下对外分享。而在“付费模式”下，鉴于用户支付了足以覆盖平台运营者成本和利润的费用，他们应享有定制化和高标准的合同保障，其个人信息一般不被收集，更不得用于广告营销、用户画像、自动化决策、二次利用或其他目的。

“普遍免费和个别付费”的并行是一个多方共赢的模式。一方面，它最大程度地满足了不同用户的需求。的确，如扎克伯格在回应库克时所言，如果你想建立一个服务来帮助连接世界上的每个人，那么有很多人会无力付费，这就是为什么基于广告的商业模式是唯一“理性”的原因。但是，并非所有人都无力支付服务费用，也并非所有人都将网络服务的便捷性置于个人信息的安全性之上。对于这些人，付费模式拓展了他们的选择权。利益分野和价值分歧的不同用户因此能各得其所。另一方面，新的商业模式有助于平台运营者的业绩增长。不论是免费还是付费，平台运营者都可以获得收入，只是来源不同而已，这化解了无法通过信息复制来覆盖信息生产成本的矛盾。更重要的是，通过观察用户对模式的选择，平台运营者将“个人信息迟钝者”和“个人信息敏感者”区分开来。这种分离均衡的设计，在维系既有用户之余，还能吸引在单一免费模式下拒绝加入或打算退出的“个人信息敏感者”。用户数量的扩大和信任关系的巩固，使得平台运营者成为最后的受益者。正是看到了这一点，Facebook 首席运营官谢乐尔·桑德伯格（Sheryl Sandberg）曾表示考虑推出 Facebook 付费版，从而允许用户选择不把他们的个人信息分享给广告客户。

六、给平台监管者的礼物：从标准化管理到基于风险的管理

Facebook“数据门”所暴露出的监管失灵是另一件珍贵的礼物。长久以来，对个人信息的保护建立在“保密信息”和“公开信息”、“一般信息”和“敏感信息”等不同标准之上。前一种分类意味着，一旦个人将其信息公之于众，则放弃了隐私权，其信息不再受到法律的保护。2017 年，在由 hiQ 抓取 LinkedIn（领英）网站上公开的用户信息而发生的讼争中，美国法院重申了这一立场。后一种分类意味着，种族、民族、政治观点、宗教信仰、个人基因数据、生物特征数据、健康数据、性生活、性取向等信息构成了“敏感信息”，对其进行的收集和使用受到严格限制，而除此以外的信息则属于“一般信息”，对其的监管相对宽松，这也是我国《信息安全技术 个人信息安全规范》采取的进路。然而，Facebook“数

据门”一出，上述标准就全然失效了。对于 Facebook 用户来说，他们确实把信息公开了，但他们肯定不想将之运用于政治宣传和洗脑，这种对个人数据的使用不论是否构成“泄露”，肯定违背了信任；对于剑桥分析公司和亚历山大·科根而言，他们仅仅收集和处理了 Facebook 用户的城市、兴趣、工作经历、点赞等“一般信息”，就能够不受限制地获得用户的“政治观点”这一“敏感信息”。基于人工智能和大数据等新技术的数据分析显然已经超越了监管者对个人信息的分类和想象。

为此，监管者有必要从中吸取教训，适时调整“关注安全底线的、静态的、整齐划一的监管”，转向立足于具体场景和风险导向的监管。质言之，监管者不可固守于个人信息公开与否或者是否属于敏感信息，而必须认识到：信息处理的合法边界取决于符合用户的合理期待以及没有造成不合理的风险，进而根据“个人信息处理行为的性质、范围、环境、目的和对个人、社会、政治风险带来风险和损害的可能性与严重性”，进行有的放矢的差异化监管。

监管思路的转变首先要求监管者能够有效识别高风险的数据处理行为。参照 2018 年 5 月 25 日生效的欧盟《通用数据保护条例》(GDPR)，我们将高风险的处理行为初步分为三类：

一是个人信息的自动化决定，即通过自动化的数据处理方法，评估、分析及预测个人的工作表现、经济状况、位置、健康状况、个人偏好、可信赖度或者行为表现，进而利用这种“画像”，在不同的业务场景中作出影响用户权利、义务的决定。由于计算机决策的“黑箱难题”，这种自动化决定应被严格监管。

二是大量处理个人信息。量变引起质变，倘若数据处理涉及的人数太多、内容太多，相关风险就已经从个人权益侵害的可能性提升到公共空间或国家层面的系统风险。正因如此，我国《个人信息和重要数据出境安全评估办法（征求意见稿)》将事关国家安全的数据标准设定在“累计 50 万人以上”或“总量超过 1000GB”。

三是公共区域大规模的系统化监控。在商场、酒店、工厂、办公场所等公共空间，使用闭路电视（CCTV）对民众或雇员进行视频监控，有助于预防违法犯罪行为或意外事件的发生，但同时也可能损害个人隐私。正如奇虎 360 公司旗下的视频直播平台水滴直播风波所显示的，人们对此十分敏感。所以，在此情形下，通过店堂告示、工作纪律等方法进行单方宣示是不够的，运营者还需要在明确告知被监控者的基础上，证明监控的正当性、透明性以及手段和目的之间的适当性。

监管者还应识别出高风险的个人信息控制者。从传媒到出行，从健康医疗到金融产业，从电子商务到专业服务，网络平台的崛起已颠覆了经济与社会的各个方面。在林林总总的平台中，就个人信息的数量、丰富性和完整性而言，以 Facebook 为代表的社交平台远超“同侪”。这是因为，如果说功能导向的平台是把现实空间的活动向网络空间延伸的话，那么社交平台早已彻底融入我们的真实生活，成为其中密不可分的一部分。我们的一举一动、一言一行、喜怒哀乐都被它记录和分析。就此而言，恰恰是社交平台的存在，才令数字化生存变得可能。“能力越大，责任也越大”，“蜘蛛侠”的叔叔本·帕克（Ben Parker）的这句话同样适用于社交平台。与其他平台的任务主要集中于网络系统的稳定可靠，防范网络攻击和破坏，进而维护个人信息的完整性、保密性、可用性不同，社交平台尤其需要关注因个人信息处理对现实空间的安全造成的损害，避免引发经济风险、社会风险和政治风险。Facebook“数据门”引起的轩然大波，很大程度上源自公众对 Facebook 在美国总统大选中所作所为的不满。正是由于社交平台的高风险性质，2017 年 6 月，德国专项出台《改进社交网络中法律执行的法案》，明确社交平台对内容管控的主体责任和报告义务，并规定违反义务的平台将承担 5000 万欧元的重责。

在迅速发展和不断开放的数字社会中，个人信息的风险永远不可能消除。故而，无论是平台运营者还是平台监管者所做的并不是要杜绝风险，而是在赋予我们每个人应有权利的前提下，减少大规模风险发生的概率、限制风险可能造成的损失。放宽视野看，Facebook“数据门”没有改变平台革命的历史趋势，但它一定改变了平台未来的商业模式和监管方式，改变了我们的情感、利益和观念。毕竟，在这个世界上，“真正不变的只有变化”。

第三篇

数据隐私，谁能保护

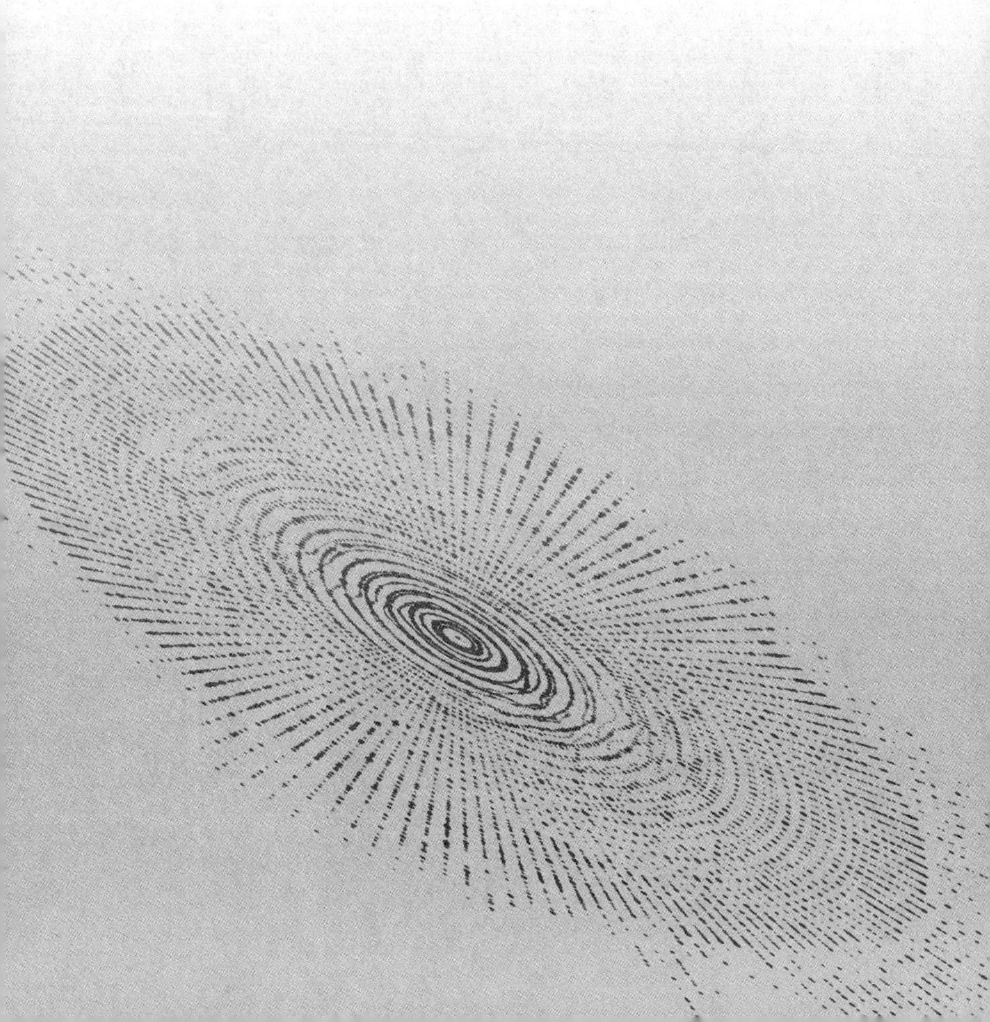

第十章

海外数据，给还是不给：微软诉美国司法部案与美国 CLOUD 法案

□ 尹云霞 | 方达律师事务所合伙人
□ 周梦媛 | 方达律师事务所律师

在国际局势日趋复杂的今天，域外管辖、司法主权问题越来越多地受到各国政府的关注。这种域外管辖与司法主权之争同样也反映在网络空间中。在这样的背景下，随着数据跨境流动愈加频繁，"数据主权"问题自然而然地成为备受各国瞩目的焦点之一。各国纷纷通过出台国内法，加快建立和完善自己的跨境数据调取和司法协助机制，保护本国的数据主权。

在 2018 年以来的中美贸易战背景下，美国频频依据其域外管辖，借助其与多国的引渡条约，对中国企业和高管执法，显示出美国司法域外管辖的效力之广。为了进一步拓展自己的域外管辖范围，美国也紧锣密鼓地部署完善自己的域外管辖体系。2018 年 3 月，美国总统特朗普签署了《澄清境外数据的合法使用法案》（Clarifying Lawful Overseas Use of Data

Act，以下简称“CLOUD 法案”)，明确授权美国执法机构访问在美国境内运营的电子通信服务与远程计算服务企业存储在海外的用户数据。该法案的生效也解决了微软与美国司法部之间一起持续 6 年的案件，使得司法部可以取得微软储存在海外的用户数据。虽然 CLOUD 法案的发布为该案画上了句号，但关于该案和 CLOUD 法案的争议却并未停止，而美国的域外管辖也不止于 CLOUD 法案。中美贸易战下，中国企业必须深刻了解美国强大的域外管辖和域外执法能力，并做好充分的准备，加强合规建设。

一、微软拒向美国政府移交用户邮件数据

（一）微软：它要海外数据，我们不给

2013 年 12 月，美国联邦调查局（FBI）执法人员依据《存储通信法案》（Stored Communication Act，SCA）向美国纽约南区联邦地区法院申请搜查令，要求微软协助一起毒品案件的调查，披露一名用户的所有电子邮件内容和其他账户信息。助理法官詹姆斯·弗朗西斯（James Francis）签发了执法人员申请的搜查令。这份搜查令要求微软向政府披露指定电子邮箱账户下所有由微软“拥有、保管或控制”的记录、信息。不过，事情没有那么简单，微软经过核实发现，执法机关想要获取的数据中，除了该用户电子邮箱的登录时间、地点等元数据存储在美国境内外，电子邮箱里的电子邮件内容均存储在位于爱尔兰都柏林的数据中心。微软认为美国成

文法和判例都没有明确规定搜查令具备域外适用效力，于是拒绝提供邮件内容，同时提出动议申请撤销搜查令。微软表示美国政府应该通过与爱尔兰的司法协助协定获取这部分电子邮件的内容数据。

2014 年 4 月，助理法官詹姆斯·弗朗西斯否决了微软的动议，支持 FBI 的意见。微软随即提出上诉。2014 年 7 月，纽约南区联邦地区法院首席法官洛蕾塔·普瑞斯卡（Loretta Preska）作出裁定，支持了助理詹姆斯·弗朗西斯的观点。微软选择继续上诉，终于在 2016 年获得了美国联邦第二巡回上诉法院的有利判决：三位法官一致认为，执法机关的搜查令不具有域外效力。对此，FBI 同样不肯让步，随即向美国联邦第二巡回上诉法院提出了重审申请。2017 年年初，美国联邦第二巡回上诉法院的八位法官中出现了分歧，其中一半认为应当重审，另一半则认为不应重审。由于没有取得多数意见，FBI 无奈只能将案件提交至美国最高法院，最高法院同意审理该案。

无独有偶，FBI 在 2017 年调查一起诈骗案时，也依据《存储通信法案》向谷歌发出了搜查令，要求其将涉嫌欺诈案的邮件从境外的服务器传回美国，供 FBI 审查。谷歌曾公开表示不会执行这一搜查令。苹果、微软、亚马逊和思科四家技术巨头也声援谷歌，共同向法庭提交了一份非当事人意见陈述（Amicus Curiae Briefs，即“法庭之友”意见书），认为应由国会立法来解决此类域外取证面临的法律冲突。面对同样争议，最高法院对微软案的裁决就成了解决此类争议的风向标，显得尤为重要。

然而，就在最高法院就微软案发布最终意见之前，CLOUD 法案搭着《联邦支出法案》（Consolidated Appropriations Act）的“便车”，于 2018 年 3 月底由总统特朗普签署出台，即刻生效。CLOUD 法案对《存储通信法案》的相应条款进行了修改。CLOUD 法案不仅明确规定了依据《存储通信法案》签发的执法令具备域外效力，适用于在美国境外存储的数据，还明确指出，CLOUD 法案不仅适用于电子邮件等通信服务提供商，还适用于提供云服务等远程计算服务的公司。面对 CLOUD 法案，微软态度迅速转变，表示将遵守 CLOUD 法案，愿将搜查令所要求的电子邮件内容双手奉上。最高法院指出，鉴于双方对本案已无争议，且同意依据新法签发新的搜查令，因而认定本案争议“已无实际意义”(moot)。

（二）域外执法如何可行

微软案发生在 CLOUD 法案生效前，CLOUD 法案的生效为微软案中的争议提供了解决方案。在微软和谷歌这两起案件中，美国政府申请搜查令的依据都是 1986 年颁布的《存储通信法案》。

微软案的争议焦点在于：CLOUD 法案生效前，基于旧的《存储通信法案》发布的搜查令是否具备域外效力，执行搜查令是否属于域外执法。这个问题不仅困扰美国执法机关许久，也是各国司法协助领域共同面临的一个难题，反映了跨国执法与各国司法主权之间的冲突。

1986 年，美国颁布了《电子通信隐私法》（ECPA）。这部法律的第二章即《存储通信法案》对执法部门获取第三方持有的电子数据进行了规制。虽然自 1986 年以来，《电子通信隐私法》和《存储通信法案》已经过多次修改，政府有权获取的内容也从电话通信内容扩展到了计算机存储、传输的电子数据等，但上述法律的主要条款并未有根本性的改动，因此很多条款已经无法很好地适应云计算时代的跨境刑事调查及数据调取需求。关于执法令域外使用效力，《存储通信法案》正文也并未提及。

在微软案中，微软及其支持者认为，搜查令要求提供的数据存储在爱尔兰，只适用于美国境内的搜查令不具有域外适用效力，自然无法据此要求微软提交存储在爱尔兰境内的数据。因此，微软无须执行这一搜查令。总结起来，微软的观点是，数据被存储在何地，就应当归属何地，并且适用当地的法律。美国若想调取存储在境外的数据，即使这些数据由微软控制，也应当通过司法协助手续获取。这一观点可以被称为“数据存储地标准”。

美国政府及其支持者则认为，由于搜查令所要求的数据事实上由微软这一美国公司所控制，执行搜查令无须美国执法人员前往爱尔兰，也无须微软派出员工在数据存储地点进行具体操作，只需微软在美国境内进行一定的操作，即可向美国政府披露相关数据。因此，这根本不属于所谓的域外执法。这一观点所遵从的逻辑是“数据控制者标准”。

如果采取数据存储地标准，那么美国政府的域外数据调取行为，无疑属于域外执法；如果采纳数据控制者标准，则美国政府的搜查令实则是针对微软这一数据控制者，而并未产生域外效力。现在，CLOUD 法案授权美国执法机关调取通信服务提供商在境外存储的数据，上述争论自然就尘埃落定了。

二、CLOUD 法案：手可以有多长

（一）CLOUD 法案管得有多宽、多远

CLOUD 法案适用范围宽泛。根据 CLOUD 法案和《存储通信法案》，CLOUD 法案适用于“电子通信服务”提供者和“远程计算服务”提供者。电子通信服务是指向用户提供发送或接收有线或电子通信的能力的任何服务；远程计算服务是指通过电子通信系统向公众提供计算机存储或处理服务。例如，像微软这样提供电邮服务、云服务、社交互动服务等的电子通信服务商都在 CLOUD 法案的管辖范围内。

CLOUD 法案不仅适用于美国公司，也适用于在美国有业务的外国公司。美国法院能够对与美国存在“最少联系”的实体或个人行使管辖权。这些联系包括多种形式，如在美国境内实施某些行为，在美国提供商品或服务，或从在美国开展的业务中获得一些利益，甚至包括在美国拥有财产或银

行账户等。即使不能确定与特定州是否存在这种最低限度的联系，美国联邦法院也可以对外国公司取得管辖权，只要这样做并不违反美国《宪法》第五修正案的正当程序要求。换言之，如果服务提供商在美国有较为显著的业务，则可能受到 CLOUD 法案的约束。

值得指出的是，根据美国司法部近期发布的关于 CLOUD 法案的白皮书和常见问题解答，CLOUD 法案并不会扩大美国法院的管辖权，美国执法机关仍然只能依据 CLOUD 法案向那些已受美国法管辖的公司提出提供数据的请求。

（二）CLOUD 法案出台的背景

CLOUD 法案从制定草案到正式生效，仅仅经历了短短的一个半月，未经过美国国会的任何辩论，就被加入了长达两千多页的《联邦支出法案》末尾，一并签署通过。虽然法案的快速通过令人意外，但其实美国政府对这样一部法案已酝酿多时。

美国政府在“9·11”事件后，长期致力于打击包括恐怖主义在内的严重犯罪。在云计算时代，很多电子通信记录对于打击跨国犯罪的调查、执法行动而言至关重要。这些数据往往由受美国管辖的通信服务提供商保管、控制或拥有。在 CLOUD 法案通过之前，美国政府一般只能通过漫长的司法协助条约，与外国政府交换证据和信息。司法协助程序往往较为烦琐，等到美国执法机关最终获得数据时，数据可能已经过时，对于调查、执法的意义便打了折扣。由于无法及时访问通信服务提供商存储在境外的数据，美国政府的执法行动往往受到掣肘。

从全球角度来看，近年来各国政府也越来越多地寻求通信服务提供商的配合，希望它们能够将公司持有的电子数据提交给执法机关，从而有效打击犯罪。面对全球各国政府的要求，跨国经营的通信服务提供商往往面临潜在的相互冲突的法律义务，无论是否提供数据，都有可能面临违反某一国法律的风险，左右为难。因此，美国国会认为，十分有必要通过出台 CLOUD 法案，为这一现实困境提供可行的解决方案。

（三）CLOUD 法案的主要内容

1. 美国执法机关调取境外存储数据的解决方案

CLOUD 法案规定，无论“电子通信服务”或“远程计算服务”提供者（以下合称“服务提供者”）的通信、记录或其他信息是否存储在美国境内，只要上述数据由该服务提供者拥有、控制或者监管，且该服务提供者应受美国法院管辖，就应当按照执法令要求保存、备份、披露。如果服务提供商未能遵从执法令的要求，将有可能被认定为藐视法庭，从而承担相应的法律责任。虽然这一要求十分严格，但服务提供者可以向法院提出申请撤销或者修正的动议。一旦服务提供者向法院提出该动议，法院应当给予政府答辩的机会。在听取双方意见后，如果法院认为同时存在下列情形，可以修改或撤销相关的法律程序：

第一，所要求的数据披露行为将导致服务提供商违反适格外国政府的法律。要想构成一个适格外国政府，从程序上看，需要由美国总检察长（连同国务卿）向国会提交书面报告，论证该外国政府是否符合要求，并由国会判断该外国政府是否符合 CLOUD 法案提出的要求。从实体上看，一国政府若想构成适格外国政府，需要满足两方面因素：其一，该外国政府制定并实施了有关数据保护的国内法，为公民隐私和自由提供强有力的实质性和程序性保护；其二，该外国政府采取了适当的程序，使涉及美国人的数据获取、收集与传播行为遵从最小化原则。

具体而言，第一个判断因素又需要同时满足以下多种要求：该外国政府在网络犯罪和电子证据方面，拥有充分的实质性和程序性法律，加入了《布达佩斯网络犯罪公约》，或其国内法与该公约第一章和第二章相吻合；尊重法治和平等原则；遵守国际人权义务或尊重国际基本人权等。

从以上实体要求来看，中国尚未加入《布达佩斯网络犯罪公约》，构成法案下的适格外国政府有一定难度。由此看来，中国的服务提供商如果被美国的执法机关要求披露存储在中国境内的特定数据，应该较难依据 CLOUD 法案规定的例外情形成功主张撤销或修正美国政府的执法令。

第二，对象不是“美国人”，且不居住在美国。

第三，基于整体情况，从公平正义的角度考虑，相关法律程序应该被修改或撤销。

在判断是否符合第三种情形的时候，CLOUD 法案还规定了法院应当进行“礼让分析”（Comity Analysis），综合考虑八方面的因素，其中包括美国的利益、适格外国政府的利益、服务提供商遭受外国政府处罚的可能性和严重程度，以及服务提供商与美国的联系是否足够密切等等。

2. 外国执法机关调取美国国内数据的解决方案

除了赋予美国政府调取域外数据的权力，CLOUD 法案同时也尝试为其他国家执法机关调取存储在美国的数据提供解决方案。根据 CLOUD 法案，适格外国政府为了对严重犯罪行为进行预防、侦查、调查或起诉，可以通过缔结行政协议向美国企业请求司法协助，可以在满足特定条件时，获得美国服务提供商存储在美国境内的相关数据。适格外国政府要想这样做，需要同时满足以下条件：

第一，外国政府不得专门针对美国公民或在美国的人，并需要对调查目标提供程序上的权利保障。

第二，外国政府不得以美国境外的非美国人士为目标，以获取有关美国公民或在美国的人的资料。

第三，适格外国政府不得依据美国政府或第三方政府的请求，或者是为了给美国政府或第三方政府提供数据而申请获得相关数据；适格外国政府也不得被要求与美国政府或第三方政府共享这部分信息。

除此之外，即使一个适格外国政府与美国达成了行政协议，在依据行政协议发出调取数据的执法令时，还需要遵守一系列限制条件，并经过美国法院的审查。总体来看，适格外国政府向美国请求调取其境内存储的数据的难度显著高于美国在其域外获取数据的难度。

三、CLOUD 法案：好的示范吗

CLOUD 法案生效后，在全球范围内引起了广泛的讨论。很多人认为这是美国通过立法明确拓展其域外数据获取的权力，从而进一步拓宽其域外执法管辖范围。

在美国国内，苹果、微软、谷歌等科技巨头公司对 CLOUD 法案的出台表示赞成。它们赞同国家通过立法，为科技公司提供规范的跨境数据传输的程序和机制，避免国际法律冲突，并为各国提供了管理跨境数据获取行为的解决方案，在保护个人隐私和维护国际安全的冲突中找到了平衡点。部分隐私保护组织则反对 CLOUD 法案的出台，认为该法案损害了美国国内和国外的个人权利，无论在美国执法机关域外执法环节还是在外国政府获取美国人相关数据的环节都存在诸多风险。除此之外，对于受欧盟《通用数据保护条例》(GDPR) 管辖的公司，CLOUD 法案的规定还有可能制造法律义务的冲突。

全球其他国家在 CLOUD 法案出台后，也纷纷开始积极采取行动，为跨国电子证据调取和司法协助铺路，力图保护本国在电子数据领域的司法主权。欧盟已于 2018 年 4 月开始制定新的条例，使欧盟各成员国的执法和司法机关能够更高效地获取域外电子证据，提高打击跨国犯罪的效率。虽然这部条例目前还在制定过程中，但欧盟委员会已对外介绍了条例的主要内容。根据该条例，欧盟任一成员国的司法机关都能够通过签发数据提交令的方式直接从欧盟境内的通信服务提供商、信息社会服务提供商、互联网基础设施服务提供商处获取电子证据（如应用程序中的电子邮件、文本或消息，以及识别犯罪者的信息），服务提供商的法定代表人有义务在10天内作出答复，在紧急情况下，甚至需要在6小时内作出答复。任一成员国的司法机关可以签发数据保护令，在通过漫长的司法协助程序获取数据之前，要求其他成员国的服务提供商及其法定代表人保全相关数据。除此之外，该条例还要求上述服务提供商在欧盟指定一名法定代表，负责接收、遵守和执行成员国执法机关在刑事调查环节为收集证据而发布的决定和命令等。只要执法机关要求调取的数据是在刑事诉讼过程中所必需的，而且与服务提供者在欧盟境内提供的服务有关，该条例就不会以数据存储地作为判断管辖权的决定因素。

中国也已经开始通过立法，探索在维护中国司法主权的前提下提升国际司法协助效率的方法。在酝酿近一年后，中国在2018年10月26日通过了《国际刑事司法协助法》，该法自公布之日起施行。《国际刑事司法协助法》旨在规范和完善中国刑事司法协助体制，完善追逃追赃相关法律制度，为中国政府今后缔结刑事司法协助条约，以及在此基础上履行义务和行使权利提供了国内法基础，填补了刑事司法协助国际合作的法律空白。除此之外，这部法律还对中国向外国、外国向中国提出调查取证请求的事项和程序作出了规定，有助于规范外国在中国境内以及中国在境外的调查、取证行为。《国际刑事司法协助法》第 4 条第 3 款明确规定："非经中华人民共和国主管机关同意，外国机构、组织和个人不得在中华人民共和国境内进行本法规定的刑事诉讼活动，中华人民共和国境内的机构、组织和个人不得向外国提供证据材料和本法规定的协助。"在中国境内运营的电信、远程计算服务提供商如果未经司法协助程序擅自向境外提供相关数据，不仅会违反《国际刑事司法协助法》，如果向境外提供的数据构成国家秘密、情报，还有可能违反《刑法》，构成为境外窃取、刺探、收买、非法提供国家秘密、情报罪等。

此外，中国在《网络安全法》中规定，关键信息基础设施的运营者在国内运营过程中收集和产生的个人信息和重要数据都必须存储在境内，仅在因业务需要时，方能在进行安全评估后，向境外提供。这一要求是对关键信息基础设施运营者数据本地化的明文规定。如果中国的电信、远程计算服务提供商属于《网络安全法》规定的"关键信息基础设施运营商"，未按照规定进行适当的安全评估程序擅自向境外提供存储在中国境内的个人信息和重要数据，还有可能违反《网络安全法》从而承担行政责任。

四、中国企业应提升应对海外合规风险的能力

在当前捍卫与争夺“数据主权”的国际背景下，刑事电子证据的跨境获取仅仅是其一个侧面，但已淋漓尽致地体现了个中利害与玄机。在当前中美关系复杂化的背景下，面对美国以出口管制、经济制裁、反海外腐败和保护商业秘密为主的域外管辖及域外执法，中国企业海外经营活动面临巨大合规风险。特别是美国的调查与制裁往往由政府牵头，美国司法部、商务部、财政部及证券交易委员会等机构分别运用不同职能，各司其职，并具体针对个人和企业实施逮捕、引渡和制裁。因此，如果中国企业没有建立完整且协调统一的应对调查和制裁的风险防范体系，就很难准确地预测并应对美国政府的执法。

为应对美国政府实施的域外管辖及执法，中国企业需要全方位提升应对海外合规风险的防御力。

1. 与美国政府执法机构建立沟通渠道，消除误解，理性应对

美国政府的很多执法活动都为被执法企业提供了相应的沟通、咨询、提出异议或作出补救的机制和渠道。因此，建立沟通渠道，了解执法原因和程序就显得尤为重要。中国企业在遭遇美国政府执法时可就执法的依据及相关违法事实进行了解和沟通，积极消除因误解导致的不良后果，避免采取非理性的应对措施。

2. 主动建立应对海外执法的合规体系

为预防遭遇海外执法的风险，中国企业应当主动、积极地建立应对海外合规风险的合规制度及程序。具体而言，存在海外业务的企业应确保制定的合规制度符合当地法律法规的要求；企业应考虑对自身拟投资的海外目标公司和存在业务往来的海外第三方采取适当程度的合规尽职调查，准确评估并防范相关合规风险；同时，应建立危机应对机制，在遭遇海外执法事件时能够第一时间进行应对，降低潜在风险。

第十一章

被操纵的“民主”：欧盟 GDPR 生效后的首张执法通知

□ 宁宣凤　吴　涵

宪政与民主，一直以来都是西方社会引以为傲的制度体系，公众投票的选择决定着整个社会的未来走向。然而，在大数据时代，当基于数据的“精准营销”不再局限于商业领域，而是用来影响选民政治偏好时，人们不禁心生疑惑：“我所投下的那一票，真的体现了我的自由意志了吗？”

2016 年英国脱欧公投的通过更加深了人们的疑惑。410 余万英国公民在脱欧公投通过后发起请愿，质疑公投的有效性。随着媒体的曝光和英国信息专员办公室（Information Commissioner's Office，ICO）的介入，此次英国脱欧公投背后的种种纠葛逐渐浮现。而伴随英国脱欧公投后续一系列事件的发酵，全社会对个人数据价值和影响力有了新的认知。

2018 年 9 月底，ICO 对加拿大 AggregateIQ 公司（AIQ）发出执法通知（Enforcement Notice）。该执法通知是欧盟《通

用数据保护条例》(GDPR) 生效以来的首张执法通知。2018 年 10 月 24 日，ICO 更新的执法通知中，要求 AIQ 在配合完加拿大执法机构调查之后，于 30 天之内把所持有的英国个人数据删除。

该案在全球引发广泛关注。一方面，该案涉及剑桥分析公司在脱欧公投中为脱欧组织“脱离欧盟”(Leave. EU)提供选民数据这一重要事件，影响了英国和欧盟乃至全球的未来经济和政治走向；另一方面，该案所涉及的 AIQ 公司并非欧盟企业，而是一家加拿大公司，ICO 是基于 GDPR 域外适用相关条款对其进行处罚。

一、英国人民是如何“被脱欧”的

2018 年 5 月 25 日，欧盟 GDPR 正式实施。在此之前，英国脱欧公投亦早已引发全世界的关注。不过，出乎所有人意料的是，这两起引发全球关注的重大事件，会因为英国 ICO 的一项调查而关联起来。

2016 年 6 月 24 日，英国脱欧公投结果公布，支持脱欧的选民 (52%) 超过了支持留欧的选民 (48%)。这一结果与公投前长期的民调相悖，不仅让时任英国首相卡梅伦引咎辞职，也引发了大批公众和媒体对公投结果有效性和公正性的质疑。

2017 年年初，经媒体曝光，剑桥分析公司在脱欧公投中与“脱离欧盟”合作，并为其提供有关选民针对性数据服务，大量投诉和证据被提交至ICO。随后，经初步证据评估，英国信息专员(以下简称“专员”)宣布ICO将就此事展开调查。

ICO调查的一个关键因素是剑桥分析公司与其母公司SCL Election（以下简称“SCL”）、AIQ之间的联系和可能被滥用的数据，以及针对Facebook用户投放脱欧广告的行为。而此前，剑桥分析公司与Facebook之间的数据共享案例已另有论断。

剑桥分析公司与Facebook之间的数据纠葛早在2013年就已产生。彼时，剑桥大学的研究人员亚历山大·科根（Aleksandr Kogan）在Facebook上开发了一款名为“this is your digital life”的应用，并获得了约27万用户。用户在使用这款应用时会授权应用获取其社交关系及好友信息。基于授权，此应用通过Facebook的开放应用程序编程接口顺利获取了Facebook上8700万人的用户数据，包括约100万英国用户的数据。随后，科根将这些数据共享给了剑桥分析公司，用于针对性的竞选广告推送。2015年，Facebook在得知此事后屏蔽了该应用，并要求科根和剑桥分析公司删除所有用户信息，但并未进一步跟踪和追究。

随着ICO调查的推进，2018年年初，剑桥分析公司前雇员克里斯托弗·威利（Christopher Wylie）向英国议会与ICO作证指出，AIQ与剑桥分析公司的母公司SCL之间存在多年的合作关系。威利表示，早在2014年，SCL即与AIQ合作开发了一款名为“RIPON”的软件，主要运用Facebook数据来确定选民的特征。

由于案情复杂、牵涉重大，ICO 动用了超过 40 名调查人员全职投入本案，共认定了 172 个利益相关组织和 285 名相关自然人，并针对其中 30 个组织展开了正式调查，同时对约 100 名自然人进行了访谈、问询等。根据付款信息、访谈结果等线索，调查团队发现了 AIQ 与剑桥分析公司、一些政治团体之间的潜在关系。证据显示，大量数据从剑桥分析公司流向 AIQ，AIQ 再使用这些数据帮助政治团体定向投送政治类广告。例如，在 2016 年 6 月 23 日的英国脱欧公投投票前，AIQ 代表脱欧游说组织“投票脱欧”（Vote Leave）对 Facebook 上的电子邮件地址投放广告，以影响其在脱欧公投上的态度和投票决定。这些广告的费用均由 SCL 支付。

截至 2019 年 3 月，案件仍在调查过程中，而 ICO 基于掌握的事实已分别针对 Facebook、剑桥分析公司及其母公司 SCL、AIQ 等多方采取了相应的执法行为。其中，针对 AIQ 发出的执法通知直接以 GDPR 为法律依据，而对 Facebook 等主体发出的执法文件均未明确以 GDPR 为法律依据。

二、ICO 如何抽丝剥茧

从执法通知的结论来看，ICO 已经初步认定 AIQ 违法获取并处理了英国公民的个人数据，且用于未经授权的定向政治类广告推送等目的。由于涉及英国脱欧等敏感政治行为，同时本案属于 ICO 和 GDPR 第一次共同应对欧盟以外的企业，ICO对AIQ的行为和角色进行了细致的认定，即便是在初步的执法通知中，也对执法对象、行为发生时间、适用法律、地域范围、数据使用行为及目的等多个要点一一进行了分析与论述。

从执法对象来看，根据GDPR和英国《数据保护法案》(DPA)的规定，"数据控制者"是指"能单独或与他人决定个人数据的处理目的和方式的自然人或法人、公共机关、部门或其他机构"，"该数据处理的目的及方法依照欧盟法或成员国法决定，数据控制者或数据控制者认定的具体标准可由欧盟法或成员国法律规定"。由于AIQ本身为一家以大数据分析为主要产品与服务的数据分析公司，在不考虑地域范围的前提下，以自身名义对外提供产品和服务，基于数据分析、政治广告定点推送等目的，收集相关主体个人数据并进行分析、处理，ICO认定其构成GDPR和DPA下的"数据控制者"。

从行为发生时间和法律法规实施时间来看，根据GDPR的相关规定，通常情况下GDPR不具有溯及力。为此，对于GDPR正式实施前所发生的违法行为，ICO也仅依据1998年的DPA作出执法决定。不过，ICO亦指出，虽然所涉的个人数据是AIQ在GDPR生效之前收集的，但在GDPR生效后，AIQ继续保留和处理相关个人数据，其非法处理行为一直在延续，因此可以适用GDPR。

从地域范围上看，由于时间上已能适用GDPR的规定，则根据 GDPR 第 3 条关于地域范围的规定，除与位于欧盟境内营业场所相关的个人数据处理行为将不分地域地受 GDPR 管辖以外，对设立于欧盟境外的数据控制者或处理者而言，在两种情况下仍可能受到 GDPR 的管辖：（1）向欧盟内的数据主体提供商品或服务，无论是否需要付款；（2）对欧盟境内数据主体的行为进行监控。因此，虽然 AIQ 为一家设立于加拿大的数据分析公司，但由于其间接从 Facebook 上大量收集欧盟公民的个人数据，并对这些数据主体的行为喜好、政治偏向进行分析，最终定向推送政治类宣传广告，尽管这些广告宣传行为并不需要数据主体付款，但仍可构成服务的提供，从而导致受 GDPR 管辖。

从数据获取后的使用来看，AIQ 代表脱欧游说组织“投票脱欧”对 Facebook 上的电子邮件地址投放了 218 个广告。ICO 调查后认为，这些带有政治类宣传广告目的的数据处理行为未被证明已经取得数据主体的明确授权同意，因此认定 AIQ 的数据处理行为并不满足 GDPR 第 5 条关于数据处理合法性的规定。

基于前述分析，虽然 ICO 尚未掌握足够的证据以证明 AIQ 所获取的个人数据的具体来源和来源方，但基于现有调查结果和证据证明，ICO 认为已足够认定 AIQ 违法获取、处理了英国公民的个人数据，并用于未经授权的定向政治类广告推送等目的。此外，2018 年 5 月 31 日，AIQ 向专员承认其仍然保存了英国公民的个人数据，这些个人数据被存储在一个代码库中，此前一直受到第三方未经授权的访问。因此，基于执法通知，ICO 要求 AIQ 在 30 天内停止处理其用于数据分析、选举宣传或其他宣传广告目的的英国或欧盟公民的个人数据。不过，随后 AIQ 提出申诉，否认之前被指与剑桥分析公司之间的关系，主张其行为完全符合法律法规的要求，并未进行任何非法收集、处理公民个人数据的行为，AIQ 未曾从剑桥分析公司不正当获取 Facebook 数据或数据库，也从未有过访问权限。2018 年 10 月 24 日，ICO 对执法通知进行了更新，要求 AIQ 在配合完加拿大执法机构调查之后，于 30 天之内把所持有的英国个人数据删除，若逾期未合规，AIQ 将面临 2000 万欧元或全球营业额 4%的罚款。

三、案例警示与展望

由于 AIQ 已就执法通知提出了上诉，因而不清楚 ICO 最终会向 AIQ 开出多少金额的罚单，但作为 GDPR 的第一击已经值得企业警惕，同时本案一定程度上也开启了 GDPR 活跃执法的序幕，欧盟各国的数据执法机构相继开始实质性执法，比如 2019 年年初法国的数据保护监管机构国家信息与自由委员会（CNIL）向谷歌发出了 5000 万欧元罚单。从本案中我们可以得到以下一些启示：

首先，企业需要清楚地认识到，GDPR 的执法实践已紧随其生效实施而逐步开展，GDPR 规定中备受关注的域外适用效力和高昂罚则已初显威力。根据 GDPR 第 3 条，针对设立于欧盟境外的数据控制者或处理者，如符合“向欧盟境内数据主体提供产品或服务”或“监控欧盟境内数据主体行为”，则也受GDPR管辖。这使得即便企业在欧盟境内并未设立实体，也可能受到GDPR规定的影响。此外，最高可达全球营业额4%的高昂罚则，也迫使所有企业不得不重视GDPR的威慑力，曾经抱有的一丝侥幸，也被上述谷歌案中5000万欧元的罚款彻底击碎。

其次，对于企业而言，合法、合规的数据获取来源将毫无疑问地成为数据处理过程中重要的合法性基础。对个人数据的收集作为数据处理过程的开端，直接影响着数据处理全过程的合法性判断。本案中，AIQ后续的数据存储和使用过程很可能并未直接违反GDPR等数据保护法律的规定，其申诉主张中也多次强调其行为完全符合法律法规的规定。然而，其数据来源的不合法和处理目的未经同意直接导致其从源头上无法满足GDPR的数据处理合法性前提，因此，合法、合规的数据来源对企业而言无疑将成为数据处理和数据合规的重要基础。

再次，不同司法辖区数据保护执法机构跨境合作的密切程度远超预期。一般认为，由于非设立于欧盟境内的企业在欧盟并无实际可供各欧盟成员国数据执法机构接触、调查或限制的财产和营业场所，GDPR广泛的域外适用效力将大打折扣。然而，本案中ICO积极与加拿大数据监督执法机构展开配合，彼此共享信息，并通过加拿大数据监督执法机构向

AIQ 施压，迫使 AIQ 与其合作，最终令 AIQ 承认存在违法数据处理行为。值得关注的是，执法机构间长效协作机制和跨境执法的开展仍有待进一步观察。

仍然值得强调的是，一套完善的内部制度与行为准则将为企业提供可靠的风险“防火墙”。本案中，诸多的证据均来自涉案企业的雇员或前雇员行为，这些员工行为几乎被完整地视作 AIQ 等企业主体的行为而被执法机构挑战。而一个完善的内部数据合规制度与行为准则则可能为企业提供足够可靠的风险隔离措施。例如，在中国雀巢员工侵犯公民个人信息案中，雀巢公司即依靠自身内部合规制度中明确禁止员工“以非法形式获取、使用个人信息”等类似规定成功与员工的个人行为进行分割，建立了风险“防火墙”，最终避免了员工个人行为被认定为企业行为的风险，成功地在刑事案件中全身而退。对于大型企业而言，员工人数众多，统一不同员工涉及个人数据的行为存在客观困难，尤其是对于数据依赖型企业而言，员工为了获取可用的数据源，很可能出现无法顾及或不愿考虑数据合规的情况，导致合规风险从不合格数据源向企业流转。因此，提供准确、合格的行为准则，建立责任完善的内部数据合规制度，将必然成为大型企业在数据合规工作中的重要组成部分。

最后，除了企业需要关注数据合规以外，作为每一个公民更要提高个人信息保护的意识。或许我们已经习惯了接受个性化广告，享受定制化服务的便利，但我们是否意识到这些“个性化”和“定制化”的服务都基于对我们个人信息的挖掘和分析？如果“个性化”和“定制化”成为常态而且不被我们所知，我们不禁要怀疑，我们所见的世界是真实的世界，还是商家想让我们看到的世界？

在互联网时代，数据的价值和作用不容小觑。在众多数据类型中，个人数据是对个人特征和行为的真实记录和反映，对于个人权利而言影响巨大。这样的影响不仅仅是通常受到人们关注的隐私问题和自主选择问题等，甚至也涉及选举权利和思维自主等作为人的基本权利。

个人数据的使用，小则可能影响个人生活便利，大则可能影响国家未来走向。正是如此，数据保护立法更加需要为个人主体权利提供足够的保护，以确保这类数据被合法、正当地使用。从 ICO 的这次执法活动中，我们也看到了数据保护法在个人隐私领域以外的更宽广和深层次的意义和价值。

不过，值得一提的是，正是由于个人数据可能有的巨大影响和作用力，其中的商业价值也同样需要进行合理保护和充分利用。为此，如何保护个人权利尚可能有一定的解决方案与回答，但如何确保商业利益和个人权利的平衡，比如如何确保数据被合法地用于正确的用途，无疑仍然是一个巨大的挑战。

第十二章

保护的是人，而不是某个领域：美国法中的“合理隐私期待”原则

□ 黄琰童 | 工业和信息化部国际经济合作中心助理研究员

一、为什么要关注美国

由于美国是20世纪世界信息技术浪潮的领导者，层出不穷的新技术带来的新问题往往会促使社会权利义务关系发生改变，而这迫切需要法律来回应，所以美国在信息化领域的法律实践往往都会走在其他国家前面，由此也积累了大量宝贵的司法判例。而这些判例背后形成的理念、程序、工具，伴随着普通法良好的延续性贯穿了整个信息化过程，从前信息化时代很好地延续到了当下新的技术环境下。作为对照，在很多技术后发国家，因为技术跨越式发展，在法律上就鲜有传统可遵循、倚靠，往往需要积极地制定新法来应对。同时，互联网技术诞生于美国，众多技术标准、惯例由美国政府、科技巨头企业和技术社群所引领，所以美国在数据全球

规则中占有很强势的主导地位，这也使得无论是在政府监管层面，还是在商业模式层面，亦或者在技术规则层面，“美国方案”很容易成为全球主导。

例如，加州大学伯克利分校教授、谷歌首席经济学家哈尔·范里安（Hal Varian）提出的服务免费依靠广告盈利的商业模式，帮助谷歌从全球最大的搜索引擎公司转变为全球最大的广告公司而扭亏为盈。这种盈利模式后来被全球众多互联网企业所效仿，包括中国企业，广告精准营销模式背后所需的个人数据成为信息行业名副其实的“富矿资源”，而企业能合法地收集个人信息所依赖的“隐私声明”“用户同意授权”等法律要件，包括“个人可识别信息”（Personal Identifiable Information，PPI）等法律概念，都可以在几十年前美国普通法判决中找到渊源。所以，虽然互联网时代下关于数据的法律问题是一个新兴的全球性问题，各国都在思考如何应对挑战，但值得指出的是，摆在我们面前的问题并非无本可溯，应当客观认识问题背后美国社会给其留下的历史印记。所以，研习美国经验，显得迫切且富有价值。

二、前凯兹案时代——奥姆斯特德诉美国案

在美国司法判例中，由解决电话、电报时代的隐私问题而演化出了一个非常重要的“法律工具”——美国隐私法里的“合理隐私期待”（reasonable privacy expectation）原则。“合理隐私期待”原则的提出并非用来应对互联网时代的个人

隐私问题，其确立来自1967年美国联邦最高法院的一个经典判例——凯兹诉美国案（Katz v. United States，以下简称“凯兹案”）。但时至今日，只要涉及美国《宪法》第四修正案以及政府对公民隐私侵犯等问题时，宪法解释者依旧会援引该原则，如政府收集手机GPS数据卡彭特诉美国案（Carpenter v. United States）、政府是否有权调查海外服务器上的用户数据美国诉微软案（United States v. Microsoft Corp.）等问题。

但凯兹案本身既不关乎数据，也不关乎互联网，其事实问题仅仅是围绕公用电话监听展开的，现在听起来多少会觉得有点过时，人们不禁会问：由该案引出的“合理隐私期待”原则是怎么适用于当下的呢？安东尼·G. 阿姆斯特丹姆（Anthony G. Amsteradm）教授曾在一篇论文中指出：“凯兹案成为关于《宪法》第四修正案的法学理论的分水岭……它已经成为新的《宪法》第四修正案的基础”，由此可见凯兹案的划时代意义。为了更好地理解它的进步价值，我们不妨先简单介绍下前凯兹案时代的美国《宪法》第四修正案是如何保护公民合法权益不受国家侵害的。美国《宪法》第四修正案规定如下：

> 公民的人身、住宅、文件和财产不受无理搜查和扣押的权利，不得侵犯。除依照合理根据，以宣誓或代誓宣言保证，并具体说明搜查地点和扣押的人或物，不得

发出搜查和扣押状。

从文本中我们可以看出，美国《宪法》第四修正案在应用时需要分两步走：第一步是如何解释“搜查”（search）、“扣押”（seizure）的范围；如果被搜查、扣押的范围属于宪法保护范围内，第二步是考察政府是否拥有合理依据——搜查令或者扣押状。如果没有搜查令而获取的证据，不得在法庭上使用。

在凯兹案以前，最著名的案子莫过于1928年的奥姆斯特德诉美国案（Olmstead v. United States）。在该案中，被告是美国禁酒令期间叱咤风云的大走私酒商奥姆斯特德（Olmstead），被誉为“走私酒之王”（King of Bootleggers），也被称为“走私酒业界良心”（the Good Bootleggers）。据说奥姆斯特德喜得第二个封号是因为他虽然贩私酒，但从不横着来，也不推崇暴力解决问题，最重要的是他的酒不掺假。奥姆斯特德曾经是一名警官，长期依赖通过贿赂州警察摆平很多麻烦，但联邦警察并没有放过他，很快就盯上了他，对其电话进行了大约五个月的监听。但是，由于奥姆斯特德做事极为谨慎，小心翼翼地确保任何证据不会出现在其住所内。联邦警察在获取搜查令后搜查其房屋时，一无所获。所以，该案中，控方在庭上针对奥姆斯特德定罪的重要证据来自电话窃听。奥姆斯特德认为，这些通过窃听获取的证据，不得在法庭上使用。

联邦最高法院首席大法官塔夫脱（Taft）认为，联邦警察在进行窃听时，并没有擅自闯入奥姆斯特德的住所，所以本案不存在《宪法》第四修正案意义上的“搜查”，也不存在“扣押”。大法官在判决中写道：“美国不像关心邮件那样去关心电报和电话。《宪法》修正案并没有禁止本案关切之所在，本案不存在搜查，也不存在扣押。证据是通过使用听觉获取的，并且仅此而已……《宪法》修正案的措辞不能扩大和延展到包含电话线，从被告的住宅或办公室一直延伸至全世界。中间的电话线不是他房子或办公室的一部分，这就和延伸的公路一个道理。”

提出“隐私权”的法学家布兰代斯（Brandeis）大法官此时恰好也是联邦最高法院的法官，他撰写了本案的反对判决词，指出“隐私权”对于公民生活的重要性，行文优美、富有洞见：

> 修正案所保障的范围更广。我们宪法的制定者承诺确保创造有利于人追求幸福的条件。先贤们认识到人的精神本性、感情和智力的重要性。他们知道，生活中只有一部分痛苦、快乐和满足是能在物质上得到的。制宪者试图保护美国人的信仰、思想和情感，针对政府而赋予了独处权（the right to be let alone）——这是最广泛的权利，也是文明开化人士最为珍视的权利。为了保护这一权利，政府对个人隐私的任何无理侵犯，无论采用何

种手段，都必须被视为违反《宪法》第四修正案。

可贵的是，布兰代斯大法官表现出对于未来政府掌握高科技后，可能对公民隐私潜在威胁的担忧，甚至富有远见地预测未来在心理学的帮助下，保护隐私对于维护公民信仰、思想自由的重要性。结合当下人工智能、大数据的技术背景，难以想象布兰代斯大法官的判决词居然写于1928年。布兰代斯大法官写道：

> 在适用宪法时，我们不能只考虑已经发生的事情，而要考虑可能发生的事情。科学为政府提供间谍手段方面的进步不会停止，也总是会有窃听。总有一天，政府会想出各种办法，在不从秘密抽屉里取出文件的情况下，向法庭复现这些文件，使政府能够向陪审团披露家中最亲密的私事儿。心理科学和相关科学的进步可以探索人们未曾表达的信仰、思想和情感。詹姆斯·奥蒂斯（James Otis）说：“这使每个人的自由都掌握在各个芝麻小吏手中。”这种侵犯危害来得更大……难道宪法不该保护个人安全不受这种侵犯吗？……根据《宪法》第四及第五修正案所确立的解释规则，我认为被告反对窃听所得证据必须得到支持……经验应该告诉我们，当政府带着所谓有益意图的时候，我们应该警惕地保护自由。生来自由的人自然会警惕地抵制邪恶统治者对其自由的侵犯。对自由的最大危险潜伏在那些热情、善意但缺乏理

解力之人的暗中为害的行为当中……

但由于时代的局限性，布兰代斯大法官极具启发的思想并没有在本案中得到足够多的支持，在随后长达近四十年的司法判决中，法院依旧将“侵犯隐私”依附在“侵犯财产”理论之下。也就是说，在没有明确的有型财产被侵害的前提下，主张隐私保护非常困难。直到1967年凯兹案将这一理论予以推翻。

三、确立“合理隐私期待”原则——凯兹诉美国案

在凯兹案以前，《宪法》第四修正案对于隐私保护的发展主要延续于如何扩大解释“宪法所保护的领域”（constitutionally protected area）——从《宪法》第四修正案文本中的人身、住宅、文件和财产到公寓、酒店房间、车库、公司办公室、商店以及仓库。例如，在1925年的卡罗尔诉美国案（Carroll v. United States）中，联邦最高法院首次将《宪法》第四修正案的保护范围扩大至机动车。但这一思路依旧存在不少问题——新的监听技术使得通过远距离、低隐秘的方式获取信息而无须对物理空间加以侵犯成为可能，而这大大危及了公民隐私。再如戈德曼诉美国案（Goldman v. United States），法院认为，用装在办公室墙上的窃听器偷听隔壁办公室的私人对话不违反《宪法》第四修正案，因为不构成有形侵犯。又如李安诉美国案（On Lee v. United States），法院

认为，洗衣房里的电子录音行为不违反《宪法》第四修正案。直到凯兹案，“宪法所保护的领域”这一概念才开始被联邦最高法院摒弃，转而用“合理隐私期待测试”（reasonable privacy expectation test）来替代。

让我们先来看看凯兹案的事实部分：

凯兹（Katz）通过电话从洛杉矶向迈阿密、波士顿传递赌博信息。联邦调查局探员在他打电话的公用电话亭外面安装了一个电子监听和录音装置，无意中听到了最后在法庭上认定罪行的证据。本案部分争议点在于凯兹主张政府在公用电话亭监听其电话违反了《宪法》第四修正案，因为侵犯了其“宪法所保护的领域”，应当排除该证据。而政府认为公用电话亭处于公共空间且透明可见，不属于《宪法》第四修正案所保护的范围。上诉法院确认定罪，并驳回了该录音违反《宪法》第四修正案的论点，理由是联邦调查局探员没有进入凯兹实际所占区域。

美国联邦最高法院提审了该案。在判决词中，斯图尔特（Stewart）大法官将上诉法院判决依据的法律争议点归纳为两点：一是公共电话亭是否为宪法所保护的领域，通过电子监听记录装置附接到该电话亭顶部而获得证据，是否违反了电话亭里用户的隐私权；二是对宪法所保护的领域进行物理性质的侵入，是否违反了《宪法》第四修正案所谓搜查和扣押的必要前提。

联邦最高法院法官后来直接摒弃了上诉法院所持的争议

点，按照联邦最高法院自己所关注的切入点加以论证。在判决词中，斯图尔特大法官写道："我们拒绝采用这种方式处理问题。首先，'宪法所保护的领域'这一魔法咒文并不一定能促进《宪法》第四修正案正确解决问题。第二，《宪法》第四修正案不能转化为一般意义上的宪法'隐私权'。"同时，他强调："由于这些问题的表述方式具有误导性，当事双方都十分重视上诉人打电话的电话亭的特征。上诉人极力辩称，该电话亭是'宪法所保护的领域'。政府则极力否认这一看法。但从抽象的角度来看，这种决定某一特定'领域'是否受到'宪法保护'的努力转移了人们对本案问题的注意力。因为《宪法》第四修正案保护的是人，而不是某个领域。"

这一句"因为《宪法》第四修正案保护的是人，而不是某个领域"，拉开了整个重构《宪法》第四修正案如何保护个人隐私的序幕。接着，斯图尔特大法官开始重新审视确立隐私保护依附于财产保护的先例——奥姆斯特德案。他写道："因为他们（联邦探员）所使用的监视技术不涉及实际进入上诉人打电话的电话亭。的确，缺乏这种渗透曾一度被认为可以阻却《宪法》第四修正案的进一步调查，参见奥姆斯特德案、戈德曼案，因为该修正案被认为只限于搜查和扣押有形财产。但是，财产利益作为检测政府搜查和扣押权的前提，这一点已被证明是要怀疑的。"

斯图尔特大法官进一步指出："既然认识到了这一点，一旦承认《宪法》第四修正案保护的是人民——而不是简单的

‘领域’——（人民就应）免受不合理的搜查和扣押，显然该修正案的范围不能取决于是否存在对任何特定外围的实际入侵。”

最后，斯图尔特大法官用坚定的口吻写道：“我们的结论是，奥姆斯特德案与戈德曼案的基础已经被我们随后的判决所摒弃，以至于在那些案子里阐述的‘非法侵入理论’（trespass doctrine）不能再被视为有约束力。”

否定了过去对《宪法》第四修正案理解不当的地方，并不意味着凯兹案的进步意义到此为止了，该案被历史所记住之处在于它先破而后立——在否定了旧标准的同时，由哈伦（Harlan）大法官在判决词中提出了《宪法》第四修正案如何保护隐私的新标准——“合理隐私期待”。

哈伦大法官是这么阐述其观点的：“正如法院判决意见所说，‘《宪法》第四修正案保护的是人，而不是某个领域’。然而，问题是它为这些人提供了什么样的保护。一般来说，就像本案一样，这个问题的答案需要参照‘地点’。我对先前判决所产生的规则的理解是，有两个层面的要求：第一，一个人表现出对隐私的实际（主观）期待；第二，这种期待是社会已经承认为‘合理的’。因此，在大多数人看来，一个人的家是他期望有隐私的地方，但是他暴露在外人的‘目光一眼所及之处’范围内的对象、活动或陈述并不会得到‘保护’，因为他并没有表现出有意要独处。另外，在公开场合的谈话被人听到不会被保护，因为在这种情况下隐私期待是不合理的。”

哈伦大法官也将这一新标准用于支持其在凯兹案中的观点：“在这种情况下，关键事实是‘占用它，关上身后的门，为此付钱打电话的人，当然有权假定’他的谈话不会被截获。问题的关键不在于‘电话亭是否对外开放’，而在于它是一个暂时私人的地方，其临时占用者免受侵扰的期望被认为是合理的。”

凯兹案的重要意义有三：首先，哈伦大法官在凯兹案中确立了重要的“合理隐私期待”原则，摒弃了过去将实际入侵“宪法所保护的领域”作为要件的旧标准，从此在主张隐私被侵犯时无须依附于财产权被侵犯为前提。正所谓“《宪法》第四修正案保护的是人，而不是某个领域”，就是最直接了断的阐明。这可谓该案判决最大的进步意义之所在。不同于大陆法系中人格权和财产权自身有着较好的区分，在美国这种普通法国家里，通过解释《宪法》第四修正案文本来实现对人格权的单独保护，实实在在花了近四十年的时间才实现突破。当然，这种单独保护并不意味着财产保护和隐私保护的绝对分离，在联邦最高法院后续的案子中，并不主张二者已经毫无关系，这种调整，甚至是反复，恰恰使得美国普通法拥有更好的弹性。

其次，该案再次明确了另外一个原则即司法对于行政权的限制，并且将这种限制严格地建立在正当程序之上。斯图尔特大法官在判决词中写道：

> 显而易见，在这种情况下，执法人员的行动是克制的。然而，不可避免的事实是，这种限制是由执法人员自己施加给自己的，而不是由司法官员施加的。在开始搜查之前，他们无须提出对合理理由的估计，以便由中立治安法官进行独立审查。在搜查过程中，他们也没有被要求遵守事先特定法院令的限制。搜查结束后，也没有指示将所有被扣押的物品的详细情况通知有权的治安法官。尽管执法人员有理由期望找到某一罪行的证据，并且自愿将其活动限制在最小侵入性手段范围内，但是本院不能以此为由对其搜查行为表示支持。在没有搜查令的情况下进行的搜查被认为是非法的，尽管事实毫无疑问地表明其存在合理理由。本院一再强调，依据《宪法》第四修正案所授权的命令，需要执法人员遵守司法程序。根据《宪法》第四修正案，未经法官或治安法官事先批准而在司法程序之外进行的搜查本身是不合理的——只有少数明确确立和明确描述的例外情况除外。

可见，哪怕存在正当理由，哪怕执法人员做到了最大自制，但没有法院的搜查令，就是违法搜查，由此获得的证据就应当适用《宪法》第四修正案而被排除。这里关注的并非当事人的隐私利益受到何种程度的侵害，而是强调单纯的形式要件的重要性——这和结论无关，仅仅是构成法治政府的必要条件。

最后，得益于对于《宪法》第四修正案的新解释——该修正案保护的是人，而不是某个领域，“合理隐私期待”原则为日后针对更为精密、复杂、隐蔽的监控情形下，如无人机、热像仪、移动设备、电子邮箱等技术环境下如何保护隐私提供了工具基础。这些新设备往往都是远程、隐蔽地收集着个人信息。但同时，“合理隐私期待”原则又给个人留有一定处分权。政府并不想也没有权力替代公民去作该如何保护隐私的决定，毕竟隐私关乎个人自治和思想自由，请政府来包办无异于“请狼入室”，所以“合理隐私期待”原则背后的潜在含义包含了：一旦个人自愿公开了个人隐私，也就丧失了合理的期待。美国有不少案例支持了这种解释，即自愿从个人流向公众领域的隐私信息，不再享有保护，这也是为了保证公众知情权和信息自由。如果给予个人过多的信息自决权可能会导致信息失真，因为大家都会用保护隐私为由限制公众知情权，让其他人只看到自已想让他们看到的那些信息。

但“合理隐私期待”原则的提出就一劳永逸地解决了所有问题吗？我们不妨来考察下哈伦大法官的这个标准是否足够清晰明确。所谓主观要件，即当事人是否存在期待隐私被保护的意愿；所谓客观要件，即这种意愿在一般社会是否合理。这两个要件无论怎么看都非常“模糊”，留给法官非常大的解释空间。那么，如果某种标准没有办法让公民通过常识直觉性地理解的话，它就仿佛是个“口袋”，可装可不装，可大可小，就会造成公民服从时的不确定性。

另外，“合理隐私期待”原则还有一个问题，即“期待”被人为曲解了怎么办。打个比方，如果一个人接到警察打来的电话，说一个小时后可能会到他家里来搜查，或者警察直接在当地进行广播，说有罪犯潜伏在某个人的家里，近一周内随时可能去搜查，显然公民这个时候对于隐私的保护期待已经不存在了，这不就与《宪法》第四修正案的初衷违背了吗？哈伦大法官在后来的美国诉怀特案（United States v. White）中对此进行了修正：“分析必须得……超越寻求主观上的期待利益……我们的期待利益……大多是反映那些转化为规则的法律、习俗以及过去和现在的价值观。”这么说，“合理隐私期待”原则可能从某种程度上是一种客观标准，无论是“期待”要件，还是“合理”要件，都依靠外界的价值判断来认定。如果以社会一般标准来要求法律，法律是否还能在这一笼统标准下给每个对隐私有着不同理解的个体提供足够的尊重和保护？进一步说，到底是否存在不可侵犯的隐私？

四、用热像仪观察屋内是否种植大麻侵犯隐私——凯洛诉美国案

科学技术的飞速发展使得隐私侵犯变得更加隐蔽和广泛，能够随身携带并时刻记录我们行为的手机、更远更清晰的摄影拍照设备、盘旋在居民区上空的无人机、越来越多的高清卫星地图等等，这些技术、设备都有一个共同的特点——增

强了人们的感官能力，过去我们耳朵听不到、眼睛看不见、大脑记不住的信息，现在都变得触手可及。

然而，这些技术、设备也给我们带来了焦虑和不安，仿佛我们从一个安全舒适的环境一下子进入到处是监控的时代。事实上，从很早以前开始政府就借助技术，甚至是动物和环境要素来执法，从某种意义上说，互联网时代的监控技术并非新鲜事，美国法律也多有应对的案例。需要指出的是，并不是所有的感官增强技术都会改变我们获取信息行为的法律属性，例如，美国联邦调查局探员使用手电筒在黑暗中搜寻证据（得克萨斯州诉布朗案（Texas v. Brown)），利用警犬嗅探犯罪嫌疑人（美国诉普莱斯案（United States v. Place)）等，美国联邦最高法院都通过判决确立了这些行为的合法性。换句话说，感官增强技术已经普遍存在于现代生活中，美国法律在判断其是否合法时，并不认为其是一个有和无的问题，而是从其程度、分寸上去把握。

所以，“合理隐私期待”原则对于部分新技术所带来的新问题有着较好的适应性。因为是否存在隐私利益需要保护的前提取决于当事人是否存在合理的隐私期待，所谓“合理”的程度依赖于法官通过社会一般认识来判断，在这种情况下，就可以对手电筒、警犬这些社会已经普遍接纳为“合理”的技术应用表示理解，但对于那些更加具有侵犯性的技术，达到了一般人认为难以忍受的程度的，则可以予以禁止。同时，这又给当事人相当的私权处分的空间。所谓“隐私期待”，是可以主动放弃的权益，如某个人主动将其在卧室中的谈话通过扩音器传播到街上，路人用手机记录下来，此时就会因不存在隐私期待而不予保护。

这里介绍一个2001年的案例——凯洛诉美国案（Kyllo v. United States）。1991年，来自美国内政部的一名探员威廉·埃利奥特（William Elliott）怀疑丹尼·凯洛（Danny Kyllo）在家里种植大麻。凯洛的住宅位于俄勒冈州佛罗伦萨杜鹃大道上。众所周知，室内大麻种植通常需要高强度的照明。为了确定上诉人家中是否散发出与使用这种灯相符的热量，1992年1月16日凌晨3时20分，埃利奥特探员和同事使用了210型Agema热像仪扫描凯洛的房子。热成像器可以检测红外辐射，这种红外辐射人类肉眼无法看见，但几乎所有物体都发射红外辐射。热像仪运行起来有点像显示热图像的摄像机，可以显示被观察物体的热量分布情况。埃利奥特探员就坐在凯洛房子门口自己的车里，对房子进行了扫描。扫描结果显示，与家里其他地方相比，凯洛的车库屋顶和某一面墙相对较热，而且比该房子邻近的其他邻居房子的温度要高得多。埃利奥特探员得出结论，凯洛正在他的房子里用卤化灯种植大麻，事实上也确实如此。联邦法官根据线人、账单信息和热像仪提供的线索签发了搜查令，授权搜查凯洛的住所，探员随后发现了一个室内大麻种植操作间。凯洛被控种植大麻的罪名，其行为违反了《美国法典》第21篇第841(a)(1)节的规定。

凯洛试图通过《宪法》第四修正案来排除警察从其家中搜查到的证据，认为警察的搜查行为违法，但没有成功，随后他提出了有条件的认罪，法院后来判决其有罪。之后，该案被美国联邦最高法院提审，最后由著名大法官斯卡利亚（Scalia）撰写了判决词。

在庭审中，控方认为使用热像仪不构成“搜查”，理由有四：(1) 采集热成像图像是在处于公共环境的大街上进行的，并且是以“墙外”（off the wall）的方式，并没有以“穿墙”（through the wall）的方式进入屋内；(2) 采集的热成像图像仅仅是房屋表面的温度信息，并不是房屋内的信息；(3) 采集的热成像图像只是一种温度信息，并不直接反映是否有犯罪行为，所以热成像图像只是帮助作“推论”，不是证据，所以不适用于《宪法》第四修正案；(4) 采集的热成像图像不反映任何个人亲密信息，并不侵犯隐私。

斯卡利亚大法官的判决词回应了这四个重要问题：

第一，对于使用热像仪监视住宅外层热量是否属于《宪法》第四修正案意义上的“搜查”，警方认为需要区分获取信息是采取“墙外”的方式还是“穿墙”的方式，使用热像仪监视住宅外层只是观察了房屋的外表层，是一种“墙外”的方式，不存在非法进入住宅的行为，所以使用热像仪监视住宅不属于《宪法》第四修正案意义上的“搜查”，进而也不需要向法庭申请搜查证。而斯卡利亚大法官否定了这种区分“墙外”与“穿墙”的方式，认为二者并不存在根本的区别。

在判决词中，斯卡利亚大法官写道：

> 就像热像仪只采集从房子发出的热量一样，强大的定向麦克风也只采集从房子发出的声音，而能够从数千英里以外进行扫描的卫星只采集从房子发出的可见光。我们拒绝了对凯兹案中有关《宪法》第四修正案的这种机械解释，即窃听装置只是接收到达电话亭外部的声波。

所以，政府主张的仅仅是“墙外”收集的温度信息，并未踏入屋内半尺，也非屋内信息这一论断无法成立，因为对任何信息的收集都可能依赖于某种介质传递，哪怕警察就在屋内监听，也可以被“歪曲”为仅仅是收集声波引起的空气震动并做记录，而不是在监听谈话，这种对宪法的理解过于机械，显然站不住脚。

第二，警方主张使用热成像技术是合宪的，因为温度图像并没有“发现私人领域发生的私人活动”。但斯卡利亚大法官否定了这种主张，认为《宪法》第四修正案对于私人的保护与信息的私密性无关，任何非法侵入住宅所造成的侵犯，哪怕是进屋后只看到了地毯，都应当被认为不可接受，并且警察在实施监控时也无法得知将来获得的信息是否亲密，所以在法律上作区分也难以实现。斯卡利亚大法官指出：

> 《宪法》第四修正案对家庭的保护从未与衡量所获得信息的质量或数量联系在一起。例如，在西尔弗曼诉美

> 国案（Sliverman v. United States）中，我们明确指出，任何对住宅结构的实际侵犯，哪怕只是几分之一英寸，都是过分的，而对于那些勉强打开前门，只看到门厅地板上那块毫无私密性的地毯的警官来说，搜查令的要求当然也不例外……将热成像的禁止限制在“私密细节”不仅在原则上是错误的，而且在应用中也是不切实际的……首先，监视设备的精密性与它所观察到的细节的“私密性”之间没有必要的联系。这意味着不能说（也不能保证警察）在这里使用相对粗糙的设备总是合法的。例如，210 型 Agema 热像仪可以公开居家妇女每晚在什么时间开始进行桑拿和沐浴——许多人会认为这是“私密”的细节；一个更精致的系统可能会发现藏在壁柜中最为私密的事实。换句话说，我们不能制定一项规则，只允许“穿墙”进行监视，以识别不小于 36 英寸×36 英寸的物体，必须制定一项判例，具体说明哪些家庭活动是“私密”的，哪些不是。即使当（如果有的话）法理学得到充分发展时，也没有一个警察能够提前知道他的穿墙监视行为是否能捕捉到私密的细节，因此也就无法提前知道它是否符合宪法……

第三，警方认为获取房屋外层的温度图像信息并不构成“搜查”，因为热像信息并非直接犯罪证据，而只是一种帮助“推论”的素材，认为通过“推论”而知的任何东西都不构成

“搜查”。斯卡利亚大法官再次否决了警方的主张：

> 持不同意见的人并不认为这种穿墙雷达或超声波技术能产生呈现在8×10英寸柯达光泽相纸（Kodak glossy，一种冲洗相片的纸）上的内容而不需要分析（即作出推论）。当然，推论应当免受“搜查”认定的新颖主张公然违反了美国诉卡洛案（Untied States v. Karo，美国联邦最高法院判例汇编第468卷，第705页，1984年）。在该案中，警方通过启动寻呼机推断被告家中有一定容量的乙醚。警方的活动被认为是搜查，搜查被认为是非法的。

第四，斯卡利亚大法官利用“合理隐私期待”原则分析了使用热像仪是否超越了一般公众的合理期待：

> 在搜查住宅内部的案例中——这是受保护隐私的典型领域，因此也是最常被提起诉讼的领域——有一个现成的标准，它植根于普通法，即存在对隐私的最低期待，这一点被认为是合理的。撤销对这一最低期待的保护，就是允许警察技术性侵蚀《宪法》第四修正案所保护的隐私。我们认为，如果没有对宪法保护区域的实际入侵，是无法通过感官增强技术获得任何关于住宅内部的信息的，因而这构成了“搜查”——至少这里所讨论的技术不在一般公众使用的范围内（西尔弗曼诉美国案）。……

根据这一标准，在本案情况下由热像仪获得的信息是搜索的产物。

当然，斯卡利亚大法官也承认视觉上的监视是合法的，甚至直接援引了英国法谚——“根据英国法，眼睛不能犯非法侵入罪”（the eye cannot by the laws of England be guilty of a trepass），同时也提到了监视住宅外部的合法性得到了美国联邦最高法院过往判决的支持：“正如我们在加利福尼亚州诉西拉奥洛案（California v. Ciraolo，美国联邦最高法院判例汇编第476卷，第207页，1986年）中所观察到的那样，《宪法》第四修正案对住宅的保护从未扩大到要求执法人员在公共大道上经过住宅时遮住双眼。”但是，斯卡利亚大法官凭借其对《宪法》第四修正案的深刻理解，一一化解了来自警方的挑战。在判决词的最后，斯卡利亚大法官认定警方行为违法：

> 如果政府使用一种非一般公众使用的装置来探索住宅的细节，而这些细节在没有物理侵入的情况下是不可知的，那么监视就是一种“搜查”，而且在没有搜查令的情况下被推定为不合理。

至此，我们可以大致总结斯卡利亚大法官的核心观点是：(1) 如果没有对宪法保护区域的实际入侵，是无法通过感官增强技术获得任何关于住宅内部的信息的，因而这构成了“搜查”；(2) 所谓“仅仅通过观察房屋表面”这种说法不成立，只是机械地理解了凯兹案——窃听电话也是捕捉通过电话亭表面漏出来的声音，但这显然是搜查；(3) 结论往往都依赖于观察后的推论，不能给搜查免责；(4)《宪法》第四修正案和搜查信息的数量、质量、亲密性没有必然关系。

众所周知，斯卡利亚大法官在美国联邦最高法院里以遵循“原旨主义”解释宪法而闻名，这是一种要求宪法解释者严格遵循宪法文本原意来理解宪法的学派。在马里兰州诉金恩案（Maryland v. King）里，马里兰州警方提取公民 DNA 样本并建立了数据库。斯卡利亚大法官将 DNA 搜查和北美殖民地时期臭名昭著的“一般搜查令”（general warrants）进行了类比，认定警方的行为违宪。诚然，两百多年前的美国制宪者无法想象警方可以用温度信息来认定犯罪，也不知道 DNA 为何物，更无法预见当下人工智能、大数据、云计算等技术变革，那么秉承“原旨主义”原则的法官该如何应对，似乎在斯卡利亚大法官身上汇聚为矛盾碰撞的火花，同时也化作一股思辨的力量。至少从美国的判例和斯卡利亚大法官那里我们可以了解，想从传统中积蓄力量，进而更自信从容地面对那些看似“张牙舞爪”的新技术难题，需要进行充分考量。正如斯卡利亚大法官所说：“我们的工作就是通过回顾历史，找出原则，并运用它们来改变环境。这是处理科技(法律问题) 如何解释的基本问题。”

当然，这种挑战不仅仅是斯卡利亚大法官一人去面对的事，而且是美国联邦最高法院大法官，甚至是所有以文字作为工具的法律工作者，都或多或少需要去思考的问题。美国的司法判例所积累下来的宝贵经验让我们看到，作为世界上尖端科学技术研发最活跃、产业应用化最快速、商业模式创新最频繁的国家，在法律应对方面却保持了非常好的历史延续性，同时又不死板，富有弹性。在面对当下科技挑战时，也能在几十、上百年的判例中深挖出前人之智慧。我们需要保持头脑清晰：法官并不是去做一份“史无前例、后无来者”的工作，推倒重来对于法律工作者来说可能是一种思考贫瘠甚至是惰性的表现，这一点确实值得我们这种技术后发国家的法律学者自勉。

尊重历史，才能尊重未来。我们从奥姆斯特德案后近四十年的争辩中，看到了不再屈居于财产权保护下的隐私权益得以被《宪法》第四修正案认可，又从“合理隐私期待”原则不断演化、再解释的另一个四十年历程中，体会到了美国司法判例所凝结的传统在解决新技术问题时所焕发出的旺盛生命力，这分明就是一幅思想如何在历史中受挫，又如何在历史中积聚力量最后绽放光彩的壮丽诗篇。